高海拔地区膜法处理垃圾渗滤液关键技术研究

龙滔 著

哈尔滨工业大学出版社

内 容 简 介

　　本书是一本深入探讨在高海拔环境下应用反渗透技术处理垃圾渗滤液的专业书籍。全书系统地阐述了高海拔地区垃圾渗滤液的特性、处理难点和极端气候条件下面临的挑战。详细介绍了膜技术在此环境下的应用,包括碟管式反渗透、膜生物反应器等技术的原理、工艺流程及其优化措施。书中通过大量的实验数据和案例分析,探讨了预处理工艺、填埋场废气回用加热、膜污染的控制方法和工艺参数的调整等关键技术,并提出了适用于高海拔地区的综合处理方案。本书不仅具有理论深度,还兼具实践指导意义,为从事垃圾渗滤液处理的科研人员和工程技术人员提供了宝贵的参考资料。

　　本书深入探讨了处理高浓度有机废水的前沿成果,将复杂的概念和理论以清晰易懂的图表和工程实例表示,为环保工程技术人员提供了用于指导实际工程设计和实施的具体应用实例和优化策略。为政府环保部门的政策制定和规划提供技术依据,以及环保设备制造商开发高海拔适用的先进膜处理工艺提供思路。对环境工程研究人员学术研究和创新有启发意义,也为高等院校环境工程专业师生提供了工程实践参考。

图书在版编目(CIP)数据

高海拔地区膜法处理垃圾渗滤液关键技术研究/龙滔著. —哈尔滨:哈尔滨工业大学出版社,2024.10.
ISBN 978-7-5767-1721-1

Ⅰ. X705

中国国家版本馆 CIP 数据核字第 20245KG721 号

策划编辑　丁桂炎
责任编辑　杨秀华
封面设计　刘　乐
出版发行　哈尔滨工业大学出版社
社　　址　哈尔滨市南岗区复华四道街 10 号　邮编150006
传　　真　0451-86414749
网　　址　http://hitpress.hit.edu.cn
印　　刷　哈尔滨市颉升高印刷有限公司
开　　本　787 mm×1092 mm　1/16　印张 8　字数 168 千字
版　　次　2024 年 10 月第 1 版　2024 年 10 月第 1 次印刷
书　　号　ISBN 978-7-5767-1721-1
定　　价　78.00 元

前　言

作者开展了为期10个月的连续实验和检测,主要采用碟管式反渗透(disk tube reverse osmosis,DTRO)系统处理云贵高原地区某县城生活垃圾填埋场渗滤液。并与同处高海拔地区另外两个县城生活垃圾填埋场的膜生物反应器组合(membrane bio-reactor,MBR)工艺、低能耗机械蒸汽压缩卧管蒸发器(mechanical vapor compression,MVC)工艺进行对比,对 DTRO 工艺技术经济性进行讨论。在10个月的运行期间内,对系统运行压力、水温、电导率、脱盐率等指标相互之间的影响效果进行分析,确定影响系统运行效能的主要因素,并设计实验优化工艺参数。实验对进出水中化学需氧量(COD)、生物需氧量(BOD_5)、总磷(TP)、总氮(TN)、氨氮(NH_3-N)、悬浮物(SS)等污染物浓度进行检测,考察 DTRO 系统分离性能,研究分离机理并对分离能力进行优化;采用混凝 + 芬顿(Fenton)氧化作为预处理进行实验,调整混凝过程和 Fenton 氧化中各项参数至最佳值,降低进水渗滤液盐度,减轻填埋场区盐度积存对 DTRO 运行效能的影响;对环境温度影响产水率进行机理分析,探讨填埋场废气(landfill gas,LFG)回用的可行性,计算填埋场废气产量及热值,设计渗滤液加热及浓缩液干化系统;优化膜清洗机制,提高膜通量并延长膜寿命。结果表明:

(1) MBR、DTRO、MVC 三种工艺处理生活垃圾渗滤液均可以达到《生活垃圾填埋场控制标准》(GB 16889—2008)限值标准;与 MBR 工艺相比,DTRO 工艺可以采用完全物理分离方式处理渗滤液,水质适应性较好,工艺组合灵活;设备体积小,便于拆卸二次搬运;处理规模可以模块化调整,膜片故障时更换较为简单。三种工艺处理量相同时,DTRO 工艺的综合建设成本及运营成本较低,具备更高的经济性。DTRO 同样存在一些问题,例如受环境温度、场区电导率积存等问题较难解决。

(2)DTRO 性能主要受到盐浓度、环境温度、运行压力、pH 值、膜污染等因素的影响。出水各项污染物均达标。填埋场区渗滤液电导率呈持续上升趋势,由 16.14 mS/cm 上升至 31.63 mS/cm,一级 DTRO 运行压力随之由 35.33 bar(1 bar = 100 000 Pa)上升至 53.7 bar。系统运行效率与温度有关,冬季渗滤液温度低于 14 ℃时,运行压力进入峰值区,压力最高值超出正常趋势约 25%,一级 DTRO 脱盐率在此区间达到最高值 97.73%。COD、BOD_5、TP、TN、NH_3-N、SS、金属离子等污染物,能够稳定达标排放。渗滤液 pH 值是在 RO 膜片分离主要污染物过程中,可调节的最主要影响因素。通过主要污染物分离的变化规律,讨论分析了分离机理。渗滤液 pH 值调节至 6 ~ 7 可以较好地平衡 DTRO 运行经济性和污染物分离性能。

（3）采用混凝 + Fenton 工艺作为预处理后，渗滤液电导率由 18.62 mS/cm 下降至 9.68 mS/cm。一级 DTRO 运行压力平均值下降了约 3.2 bar。预处理成本约为 14.82 元/t，渗滤液每吨总处理成本增加约 15 元，综合药剂投加和运行功耗，加入预处理后，DTRO 运行成本约为 43.79 元/t。混凝实验中，pH 值调整至 6.5 左右效果较好，PFS 投加量为 1.2 g/L 时 COD 去除率达到最高值 46.82%。剧烈混凝 2 min，慢速混凝 20 min，混凝去除效果最好。Fenton 氧化实验中，pH 值为 4 时 COD 去除率达到最高值 63.03%；H_2O_2 投加量为 8 mL/L 时去除率为 64.03%；摩尔比 $nH_2O_2 \cdot nFe^{2+}$ 定为 1.5：1，氧化反应时间为 1 h，去除率即达到最大值。可见预处理可以有效缓解场区盐度积存对渗滤液处理系统的影响。

（4）渗滤液中水的动力黏度和运动黏度随着温度变化而改变，从而影响产水效率。在海拔 1 910 m 的环境下，当渗滤液原液温度低于 14 ℃ 时，DTRO 运行压力进入峰值区。小试实验中温度由 14 ℃ 升高至 22 ℃，一级 DTRO 运行压力由 56.2 bar 下降至 49.5 bar，运行压力变化趋于平缓。LFG 未经处理的气体热值是 19.2 ~ 22.5 MJ/m³，有较高的回收利用价值。采用 IPCC 模型估算，实验所在生活垃圾卫生填埋场 LFG 产气量约为 5 000 m³/d，回用燃烧约可产生 10^5 MJ/d 的热量。LFG 加热系统不仅可以实现低温环境下渗滤液的加热，还能分时运行实现浓缩液的蒸发干化，最终产生约 3% 的残渣，可以实现渗滤液的完全无害化，成本约为 30.73 元/t。

（5）运行期间随着渗滤液电导率上升，一级 DTRO 运行压力持续上升。进行化学清洗后，膜通量从 15.6 L/h·m² 提升至 19.6 L/h·m²，运行压力也随之下降，说明化学清洗是最有效的膜清洗方式。用稀释后的 H_2SO_4、NaOH 清洗液交替进行清洗，清洗时间在 2 h 内，膜通量恢复速度较快，考虑到清洗经济性，以及清洗对 RO 膜片本身造成的损害，清洗时间在 1.5 ~ 2 h 最佳。膜通量在 15 ~ 25 ℃ 的区间内恢复速度最快，温度低于 15 ℃ 清洗效果较差，当 $t > 25$ ℃，膜通量恢复趋势较为平缓。正常工况下，建议清洗温度为 25 ~ 35 ℃。除了缓解场区盐度积存的原因以外，为延长 DTRO 系统使用寿命并降低综合运行成本，也应该在工艺段中引入预处理工艺，降低胶体颗粒和有机物对 RO 膜的污染负荷，减少清洗次数。

作　者

2024 年 8 月

目　　录

第1章 研究背景及意义

1.1 研究背景

按照中华人民共和国环境保护部和国家质量监督检疫总局发布的《生活垃圾填埋场污染控制标准》(GB 16889—2008)相关要求,明确了自2012年起不再允许生活垃圾填埋场渗滤液直接接入城镇生活污水处理厂,需进行处理达标后直接排放,蒸发量低于回喷量的填埋场,应新建渗滤液处理设施进行无害化处理。近年来,各地在新建垃圾填埋处理设施过程中,已逐步推广配套建设独立的渗滤液处理设施。此外,垃圾焚烧发电厂垃圾调蓄池、大型生活垃圾转运站等也开始建设小型渗滤液处理设施,以解决垃圾含水率过高、堆放过程中渗滤液外溢的问题。2012年以前我国渗滤液排放限值标准较低,且不是强制实施标准,仅为参考值。大多渗滤液处理设施为节约投资,采用简易物化处理或生化处理方法,不仅无法稳定达标,且可靠性较差,无法维持长期稳定运行。随着新标准对排放限值的提高,以及国家对污染物排放的严格监管,相应的新型处理工艺逐步投入使用。

近年来,全国各级城市、乡镇以及农村都在陆续完善生活垃圾清运、处理设施建设。现阶段在配套已建、在建的渗滤液处理站中,大部分项目存在总图规划缺失、设计粗放、平面布设差的问题,填埋场区设计单位仅在平面布置图中留出空白区域,直接由设备企业进行建设。建设过程缺乏扎实的前期准备工作,工艺流程千篇一律,未针对地域特征进行优化。这些问题直接导致诸如处理设备后期产水率持续下降、管理运营人员增加、单位处理成本过高,甚至出现由于高盐度、气候等因素停运的情况。例如湖北宜昌市某生活垃圾填埋场原采用MBR工艺处理渗滤液,由于生物段无法适应污染冲击负荷,膜分离段清水得率过低,在启用一年后即逐步停运,而后改造为DTRO工艺,原处理设施废弃;重庆某较早采用DTRO工艺的填埋场,渗滤液处理设施建成不久后即出水不达标、无法稳定运行,自2006年开始停运,渗滤液采取外运委托方式进行处理,2013年经过重新招标进行技术改造后实现正常运行。这些失败案例都极大地影响了各地项目运营管理部门,使其对渗滤液达标处理排放产生疑虑,阻碍了新型渗滤液处理技术的进一步推广。

以云南省为例,16个州市的设市城市和129个县城生活垃圾卫生填埋场在2010~2014年间投入运行,全省有20多个填埋场同步配套建设了渗滤液处理设施。乡镇垃圾处理设施则在2014年后开始推动建设,目标定位在2030年逐步实现全覆盖。垃圾填埋库区大多实行分期建设,一期建设运营周期一般为5~10年。可以预见在近10年会有项目陆续开展改扩建工程,生活垃圾填埋场将按照新环保标准要求,依托国家和社会资金支持,开展新的渗滤液处理项目建设和既有项目的优化改造。因此,应该充分考虑高原地区海拔高、降水分布不均衡以及短期气候变化快等特点,深入分析渗滤液处理工艺的性能特性,对运行压力、脱盐率、pH、温度、气压等影响因素进行考察,提出合理有效的优化方法,使渗滤液处理工艺更加适合实际项目需求。

生活垃圾填埋场渗滤液具有水质复杂、COD 和氨氮浓度高、水质变化大等特点,常规的生化处理方法难以达标。反渗透膜(reverse osmosis,RO)处理技术是目前为止最精密的膜分离技术,理论上醋酸纤维膜的脱盐率通常高于 95%,复合膜的脱盐率通常高于 98%。在新标准排放限值的要求下,采用 RO 作为尾端工艺,可以有效确保达标排放。从反渗透膜的膜壳结构分类,可分为卷式膜和碟管式反渗透两种形式。现阶段,国内外投入使用的较为成熟的渗滤液处理工艺有多种,包括 MBR、DTRO、MVC+DI 等,上述工艺的稳定性、中长期运行效益以及工艺之间的优劣,需要进行对比研究。与其他工艺相比,DTRO 工艺的优势、污染物分离稳定性、运行效能及工况劣化的主要原因,需要进一步分析。本书主要针对 DTRO 工艺对高海拔地区膜法处理垃圾渗滤液的可行性展开分析论证。

渗滤液作为一种高浓度有机废水,会对 RO 膜片产生较高的污染负荷。DTRO 产水率受到膜分离能力的限制,在正常工况下,为应对滤液盐度持续上升,提高产水效率势必要提高运行压力等物理参数,理论上净推力升高到上限值后,产水率将逐步降低趋近于零。温度对 RO 膜透水能力影响较大,在低温环境下为保持稳定的产水效率,系统会进一步提高运行压力,这将增加能耗并缩短膜片运行周期。采取添加阻垢剂、进行化学清洗的方式可以短期内缓解膜污染,但仍会加速膜片的老化。因此,一是要探讨适宜的预处理工艺用于缓解污染负荷,改善膜片运行环境,延长膜片运行寿命;二是要研究最佳运行温度区间,并且提出冬季低温环境下,改善系统运行效率的方法。

反渗透膜的选择透过性与组分的溶解、吸附和扩散有关。对反渗透膜的运行中各项影响因素处置不当,将影响到系统运行经济性,并对膜组产生不可修复的损伤,进而影响到系统运行的可靠性和寿命。本书结合现有工艺选择针对性不强,项目业主对工艺优缺点不清晰的情况,针对云贵高原地区投入使用的主流工艺进行了深入调研,对其各项运行特性以及经济性进行对比,为工艺选取提供参考。DTRO 作为一种新型垃圾渗滤液处理工艺,其处理效果得到市场一定认可,但由于投资成本的原因,前一阶段采用该工艺的大多为中、大型城市生活垃圾填埋场,本书对处理能力为 100 t/d 的县级生活垃圾填埋场进行研究,开展大量实验工作,检测其运行稳定性,及污染物处理达标能力。总的来说,确保渗滤液达标排放,进一步提高产水效率是需要继续改进完善的课题,对现有工艺进行优化,如何提高分离性能,维持长期稳定运行,降低使用成本,则是具有现实意义的研究方向。

1.2　研究内容

本书开展生活垃圾填埋场垃圾渗滤液中主要污染物去除、工艺组成、运行参数的优化研究。水中所含盐分或有机物浓度与渗透压呈函数关系,即进水中含盐量越高,RO 膜系统渗透压越大,浓度差也就越大,盐分透过率上升,从而脱盐率降低。若运行环境温度降低,则由于水黏度升高,RO 膜通量随之下降,净推动力升高。一般情况下,当系统进水的压力高于一定数值时,回收率较高将会使得膜的污染速度加快,加大浓差极化现象,导致盐透过率成倍上升,抵消了增产的清水量,脱盐率不再增加,且清洗愈加频繁。RO 膜片截留盐时,水流透过膜片,同时由于湍流在表面形成了一个流速非常低的边界层,由于净水透过分离,边界层中的盐浓度比进水中的盐浓度还要高,因此阻碍水透过率的进一步提高并增加了盐透过量。浓差极化的出现,会加大膜表面上难溶盐形成的概率,损害膜的致密性。针对上述问题,提出采用混凝 + Fenton 预处理的方式降低 RO 膜片的渗透压,分别研究混凝和 Fenton 氧化过程对渗滤液处置的效果,对药剂量等试验参数进行优化。采取 LFG 回用加热的方式,在冬季寒冷气候下,解决 DTRO 系统处理效能下降,能耗过高的问题,考察县级生活垃圾填埋场 LFG 回用、渗滤液加热的可行性。研究膜污染分布,提出清洗对策,在运行过程中克服浓差极化和延长 RO 膜片使用寿命。现阶段,国内外对反渗透处理垃圾渗滤液效果及 DTRO 系统运行工况有所报道,但对 DTRO 运行性能影响因素,以及优化方法研究极少。本书通过研究两级 DTRO 系统进出水主要污染物浓度变化情况,对 DTRO 系统适用于小型生活垃圾处理设施渗滤液处理提供数据依据。观察电导率、运行压力、水温等参数的变化情况,研究运行过程中 RO 膜性能影响因素。对降低渗透压负荷、提高膜分离能力、改善运行温度区间、膜污染防治进行了探讨,并提出优化方法,为反渗透处理生活垃圾渗滤液项目建设运营提供参考。开展的主要研究内容如下:

1. DTRO 与其他工艺特性对比

通过对已投入运行项目进行实地调研,对现阶段三种主流工艺 MBR、MVC 和 DTRO 的技术特征、工艺路线、运行特性、节能功效及存在问题进行比较。重点针对垃圾渗滤液污染负荷高,污染物浓度变化快的特点,结合技术经济性,探讨 DTRO 工艺优势与缺陷。

2. DTRO 对污染物的分离性能及优化

检测 DTRO 系统进出水 COD、BOD_5、TP、TN、NH_3-N、SS 等主要污染物指标,评估 DTRO 处理渗滤液效能。对 DTRO 分离机理进行研究,分析渗透压、pH 等影响分离能力的对象参数并进行优化,确定日常运行膜分离效率稳定后的最佳 pH。

研究技术路线如图 1.1 所示。

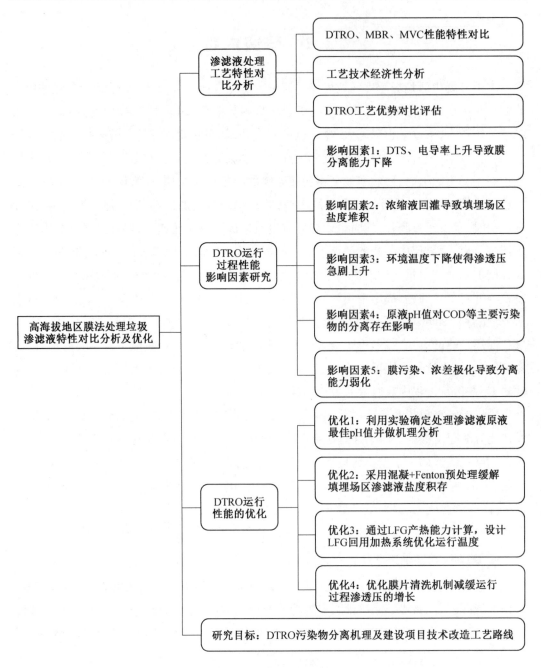

图 1.1　研究技术路线

3.渗滤液预处理缓解填埋库区盐度积存

采用电导率的测定结果代表 TDS 物质的含量,表征盐度的高低,分析生活垃圾填埋场盐度变化规律。观察两级 DTRO 一级、二级压力变化情况以及脱盐率变化,确定运行效能的主要影响因素,提出解决途径。对混凝、UASB、Fenton 工艺进行比选,确定与 DTRO 膜系统最佳搭配的预处理工艺,并且逐一对预处理工艺的各项运行参数进行优化。

4. 填埋场废气回用加热渗滤液

研究温度对运行性能产生影响的机理。通过系统运行记录,分析 DTRO 最佳温度运行区间。考察 LFG 产生机制并计算产生量,确定利用 LFG 收集回用加热渗滤液的可行性,并讨论浓缩液的最终处置方式。

5. 渗透压增长的过程控制

膜污染是运行过程中渗透压增长的主因。以延长 RO 膜片使用寿命为主要目的,分析膜污染形成过程和增长规律,优化清洗机制,并对成因和机理进行研究。

第2章　渗滤液处理技术综述及特性对比

2.1　DTRO 技术概述

2.1.1　DTRO 处理垃圾渗滤液技术路线

DTRO 是反渗透的一种形式,其核心技术是碟管式膜片膜柱。两级 DTRO 主要由原水罐(leachate storage tank)、砂滤器(sand filter)、芯滤器(precision filter)、第一级 DTRO(1st-stage DTRO)、第二级 DTRO(2nd-stage DTRO)、清水罐(clean water tank)、RO 膜片(RO membrane)、空压机(air compressor)、泵(pump)等组成,DTRO 系统实验药剂主要有浓硫酸(H_2SO_4)、氢氧化钠(NaOH),分别用于原液和出水的酸碱度调节,以及酸性清洗剂、碱性清洗剂和阻垢剂(scale inhibitor),用于系统清洗。两级 DTRO 工艺流程图如图2.1所示。

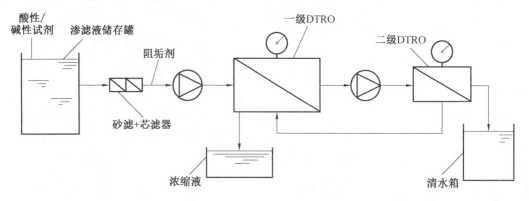

图 2.1　两级 DTRO 工艺流程图

渗滤液由渗滤液储存罐进入预处理系统,预处理系统由砂滤器和芯式过滤器组成,初步过滤后的出水经高压泵加压后进入一级反渗透,一级反渗透与二级反渗透采用串联的方式连接,各组反渗透系统由若干膜柱组成,一级反渗透的透过液出水再加压后进入二级反渗透。一级反渗透的透过液污染物浓度相对降低,依靠高压柱塞泵的推动即可完成二级反渗透过程。系统运行后,一、二级反渗透都存在透过液和浓缩液。浓度较高的一级浓缩液直接排入浓缩液池,利用回喷系统回灌填埋库区,透过液进入二级反渗透;二级反渗透出水检测达标后直接进入清水罐回用或排放,二级反渗透的浓缩液由于浓度大幅降低,可利用管道系统回流与一级反渗透进水混合后继续进行处理。

在一级 DTRO 系统中,膜柱可以细化设置为串联的两组,第一组膜柱运行产生的浓缩液,进入膜柱数量较少的第二组,进一步浓缩处理。渗滤液首先与一级反渗透的 1、2 号膜柱接触,为防止膜污染,采用高流量的在线循环泵逐一对 1、2 号膜柱进行加压,使得渗滤液以高流量和高流速的形态流经 DT 膜片组件形成的流道,利用切向水力冲刷减少膜面污染物沉积。并且按照设计需求,可以在一级和二级反渗透浓缩液出水端设置一个电动调节阀,调节膜组内进水压力,进一步提高净水回收率。

2.1.2　DTRO 核心组件及处理流程

如图 2.2 所示,DTRO 由导流盘叠压形成开放式流道,与传统的卷式膜组件构造截然不同。渗滤液从上端入口进入 DTRO 膜柱中,导流盘与膜柱外壳形成流道。渗滤液在高压作用下,快速地底部流经 RO 膜片,并以 U 形流道翻转至下一膜面。渗滤液以最短的距离快速流过 RO 膜,在端部法兰处,通过通道进入导流盘中,导流盘中心设有槽口,渗滤液从槽口流到下一导流盘,因此在膜的表面形成了由圆周到圆心,再由圆心到圆周的流线,使得渗滤液与 RO 膜片表面快速充分接触,最大限度地提高膜片渗透效率,未透过膜片的浓缩液则最后流至进料端排出。

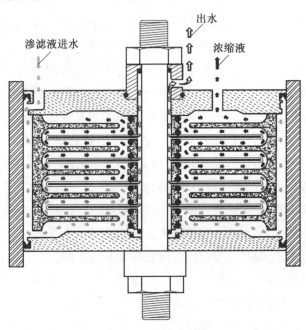

图 2.2　DTRO 膜柱流道示意图

如图 2.3 所示,导流盘的表面有按一定方式排列的凸点,在 DTRO 系统运行中液体在切向应力的作用下,与 RO 膜表面因凸点形成的凸起相撞形成湍流,增加了料液透过膜的速率以及膜片吸附物的冲刷效果,可以有效减少膜的堵塞和浓差极化现象,延长系统使用寿命。在清洗时,湍流也有助于快速冲刷掉沉积在膜片上的污垢,因此 DTRO 有别于传统卷式膜,可以适用于更恶劣的进水条件,例如处理高浓度有机废水。

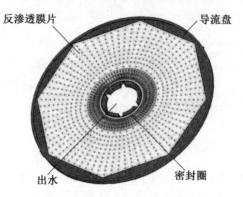

图 2.3 DTRO 导流盘构造示意图

DTRO 系统中处理高浓度有机废水的膜片被设计成 8 角形,RO 膜片是采用两张同心环状的反渗透膜组成一张膜片。两层膜的中间有一层丝状支架,其作用是防止两层膜片中心部分闭合,使透过液快速地流到出水管中。在外沿用超声波技术将两层膜片与丝状支架共三层结构进行焊接,内环开口作为透过液的出口。渗滤液透过 RO 膜片,沿中间丝状支架流到膜柱中心拉杆外围的出水管,导流盘上的 O 形封圈可以隔绝透过液与膜片外侧渗滤液流道,避免未处理的浓缩液污染透过液。由于膜片是圆形设计,透过液从膜片到中心通道的距离很短,且对于膜柱内所有的膜片均相等。

膜分离是一个纯物理过程,没有发生相变并且不需要添加助剂,不会产生二次污染,与传统过滤的区别在于膜可以在分子范围内分离。根据膜分离理论,膜是两相之间的不连续间隔,由膜通过一定的推力所分离的两相之间的物质转移。溶质颗粒(或分子)中较大的物质被膜截留,颗粒(或分子)中的微小物质通过膜孔隙,从而选择性地实现污染物在一侧富集、浓缩并被分离,通过膜的则被净化。以压力作为驱动力,推动膜两侧实现传质交换的膜统称为压力驱动膜。压力驱动膜根据分离的溶质颗粒或分子的大小可分为微滤、超滤、纳滤和反渗透,分离性能如图 2.4 所示。其中,反渗透是采用高压使溶剂逆向透过到高浓度一侧的膜工艺,可用于溶剂高纯度浓缩和溶液的高度净化。反渗透可以实现分离、提取、纯化和浓缩的目的,有效地去除悬浮物和胶体颗粒,如 NH_3-N、重金属和大部分不溶于水的固体物质都可以截留,并且大幅度降低原水中 COD_{Cr} 和 BOD_5 的含量。反渗透法适用于高浓度、小规模的渗滤液处理,反渗透工艺流程不能降解污染物,但可以浓缩高浓度的渗滤液中的可溶性成分,使渗滤液处理后的出水达到较高的排放标准。

反渗透是分离精度最高的压力式膜。反渗透能够截留组分为 $(1 \sim 10) \times 10^{-10}$ m 的小分子溶质(图 2.4)。分离过程大致为利用膜两侧静压差为驱动力,平衡两侧的渗透压,过程的操作压力差一般为 $1 \sim 10$ MPa,逆向推动溶剂流向低浓度的一侧,选择性地截留离子物质,达到混合制剂中固液分离的目的。反渗透可以实现净化和浓缩,因此在水及制剂处

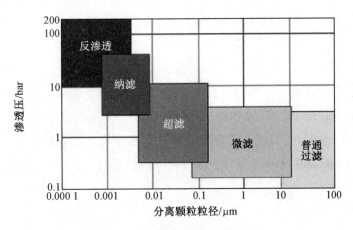

图 2.4 压力驱动膜分离性能示意图

理中使用最多,包括水的脱盐、软化、除菌除杂等,食品、制药中的溶质浓缩,并进一步扩展到化工工业中有机物和无机物的主动选择性分离。反渗透和其他压力驱动膜分离过程的分离机理是不同的,除了孔径的大小,溶解、吸附和扩散也很大程度上决定了各组分在膜的传输,这是因为膜的化学和物理性质使得透过物组分与膜本身相互作用。关于这一过程的理论模型有很多,如现象学模型、溶解扩散模型和不完全溶解扩散模型、优先吸附毛细管流动模型、摩擦模型和孔隙扩散模型等。反渗透的设备构成和操作模式跟其他膜分离过程类似,为达到设计所要求的处理能力和分离效果,一般采取多个膜组串联或并联的形式。

2.1.3 主要配套设施

1. 渗滤液调节池

渗滤液渗水量受渗水速率的影响,渗水速率与填埋场区垃圾组分、压实程度及覆土厚度有关。一般情况下渗滤液的产生要明显滞后于输入水量,且产生量受降雨量影响呈现无规律波动,为容纳未经处理的渗滤液应设置调整池,以减轻后续处理设施的冲击负荷。渗滤液调节池一般设计为满足最大降雨量前提下,渗滤液停留时间 3 个月的容积。调节池配有提升泵,泵的开启与关闭按照调节池所设定的最高及最低液位自动调整。

2. 预处理

对渗滤液进行预处理,可以有效减少原液对膜的污染,降低膜片组件结垢、流道阻塞的风险,延长整个 DTRO 系统的使用寿命,进而提高 RO 膜组的运行效能,降低运行成本。预处理主要包括砂滤器和芯式过滤器,具体流程如下:

渗滤液通过水泵由调节池抽至原水罐,为进一步提高控制精度,减少人员投入,可采用自动 pH 调节机,动态投加 H_2SO_4 和 NaOH 调节水的 pH。一般情况下,砂滤器内设置为 3 层,分别填充 3.0~5.0 mm、2.0~3.0 mm、0.3~0.7 mm 三种不同粒径的细砂,材质可根据项目地点进行选取,应尽量选择机械强度高,易于反冲洗的细砂。通过砂滤器后,渗滤液中粒径大于 50 μm 的颗粒可以被去除。当压降达到 0.2 MPa 以上,即对砂滤器进行 20 min 的反冲洗,包括空气反冲洗、水力反冲洗以及正向水力压实,恢复砂滤器性能,保持稳定的通量及流速,冲洗产生废水抽回至调节池再进行处理。芯式过滤器采用过滤精度为 10 μm 的纤维滤芯过滤,芯滤器主要去除粒径在 10 ~ 50 μm 以上的悬浮物,确保高压泵的正常运转,并进一步提高进入 DTRO 系统的进水水质。芯式过滤器一般在压差为 2 ~ 2.5 bar(1 bar = 100 000 Pa)时进行清洗,清洗时采用酸性或碱性清洗液,进行反向和正向冲洗,冲洗余液回灌至调节池。

3. 浓缩液减量

如图 2.1,一级反渗透产生的透过液进入二级反渗透的进水端进行深度处理,一级反渗透产生的浓缩液则导排入浓缩液池。二级反渗透处理一级反渗透的透过液产生的清水,进入清水池检测后达标排放。二级反渗透产生的浓缩液则导流至一级反渗透再次进行处理。一级反渗透系统可以通过自控系统将膜柱分为两部分,前排膜柱的浓缩液和高压泵中的通过液进入后排膜组进行浓缩处理,可以提高得水率,获得更高的透过液产量。一级透过液进入二级反渗透进一步浓缩,浓缩液排到浓缩液储罐,最后回灌至垃圾填埋场。对经济条件较好的地区,可采用蒸发、固化,实现最终无害化。

4. 吹脱塔的设置

游离态的 CO_2 难以被膜截留,在预处理系统中为防止结垢投加的硫酸,会与碳酸盐反应产生 CO_2,游离态 CO_2 透过膜继续留在透过液中,产生的 CO_3^{2-} 和 HCO_3^- 使得透过液偏酸性,直接排放会对环境造成二次污染。由于 CO_2 在对附着于膜系统中的微生物活性有抑制作用,可以降低 RO 膜片的生物污染,因此膜前端不对 CO_3^{2-} 和 HCO_3 进行处置,在工艺流程尾端设置吹脱设备去除游离态 CO_2。在吹脱塔内 DTRO 透过液通过重力从上往下自流,在填料层与鼓风机向上吹的气流充分接触,CO_2 由此被带走,透过液在脱除 CO_2 后排入清水罐。

2.1.4　DTRO 膜片的改性

反渗透最初主要用于海水淡化,由于近年来反渗透工艺越来越多地运用于处理高浓度有机废水,对膜体的各项物理化学指标性能以及热稳定性等性能有较高的要求。因此新型膜材料或膜材料综合性能改进的研究和开发成为研究热点。膜材料的改性可以分为化学改性和物理改性两种,膜的改性是提高膜综合性能最为有效的手段之一。

化学改性包括膜表面处理和膜材料改性。物理原理主要是共混方法,包括聚合物共混,添加两亲性聚合物和添加无机组分。膜材料的改性通常包括接枝和共聚。常见的有聚砜、聚乳酸、苯甲酸等磺化改性,制备具有亲水性和抗污染性能的带电膜。其中,聚合物共混是利用高分子材料的不同性质,使得薄膜具备所需要的性能。例如,亲水性聚合物被添加到疏水性聚合物中。化学改性的表面处理,是采用低温等离子体、改性引发剂、接枝聚合、紫外辐射、辐射、臭氧处理和涂层方法来制作压力式膜表面,以提高膜的亲水性、水通量等性能。表面改性方法往往只处理膜表面和靠近表面的孔壁,但对膜体内壁的改性效果不理想。如果在成膜之前就对膜进行改性,则可以避免上述问题。物理混合方法操作简单、效果好,是应用较广的改性方法。在相变过程中,亲水性聚合物直接与非溶剂相互作用,富集膜表面的亲水性成分改变膜结构,进而改善膜的透过能力。然而,大多数共混物难以达到分子水平或链段水平,因此聚合物共混对膜改性的影响是有限的。通过添加两亲性聚合物,可以达到更好的混合效果。越来越多的研究通过在聚合物基质中不添加任何单元来改善膜的性能。这是因为传统的高分子薄膜具有柔软性好、成膜性好等优点,品种优良可以适应各种需要,但仍存在一些固有的缺陷,如在机械强度和化学稳定性、耐高温、酸和大多数有机溶剂中表现不佳,容易堵塞,很难在苛刻条件下使用。

DTRO 通过采用改良后的醋酸纤维−聚酰胺复合膜片,拥有较高的机械强度,结合承压极限能力高的筒体和 DT 导流盘,运行压力最高能达到 160 bar。相比传统卷式膜正常运行下 5 ~ 20 bar 的渗透压,在主要污染物去除效率大致相同的前提下,DTRO 处理垃圾渗滤液可以获得更高的产水率。

2.2　传统渗滤液处理工艺存在的问题

2.2.1　垃圾渗滤液污染物的构成

国内在垃圾收运处理过程中,重污染工业废弃物、医疗废弃物浓缩化学物质一般会进入相应的危废、医废处理设施,不进入生活垃圾填埋场。渗滤液还会与不易分解的物质如水泥、石膏等建筑材料等发生反应,改变其化学性质,因此建筑垃圾也不允许进入生活垃圾填埋场。从来源上看填埋堆体主要包括居民生活垃圾、商业包装废弃物并混合少部分工业废弃物。渗滤液中污染物的构成主要可以归类为 4 类:溶解的有机物(醇类、酸类、醛、短链糖等)、无机大分子(常见离子包括硫酸根、氯离子、铁、铝、锌和氨)、重金属(Pb、Ni、Cu、Hg 等),以及平面芳烃类化合物如多氯联苯、二噁英等。垃圾渗滤液从污染物组分来说是一种高浓度有机废水,处理不当会引起地表水、地下水、土壤等严重二次污染。经检测,生活垃圾填埋场垃圾渗滤液中含有 93 种有机化合物,其中 22 种被中国和美国列入环境优先控制污染物。渗滤液污染穿透性极强,一旦渗漏可以达到垂直截面上 60 m 深的含水层,导致周边地区饮用水重大水质安全隐患。渗滤液中包含多种细菌,最常见的细菌是杆菌属的棒状杆菌和链球菌,均为传染性致病菌类。垃圾填埋场中的典型渗滤液所呈现的物理外观是浓烈的黑色、黄色或橙色混浊液体。因为富含氢、氮和硫以及有机物,气味伴随强烈的酸臭味,吸入会引起人体不适。

2.2.2 渗滤液水质的影响因素

垃圾填埋场的渗滤液成分取决于废弃物组分,具有水质变化快、冲击负荷大等特点。水质随垃圾组分、填埋时间、填埋工艺、气候、季节等因素产生变化,呈现无规律性、无周期性的特点。总的来说,垃圾组分和填埋场场龄是影响渗滤液水质最重要的两个因素。

通常垃圾填埋场渗滤液可能含有非常高浓度的可溶性有机物和无机污染物,这些组分的浓度通常可以比地下水中浓度高出数千倍。垃圾分解时会发生一系列复杂的生物和化学反应,一般来说,垃圾填埋场经历至少四个阶段的分解,分别为初始好氧阶段、厌氧酸化阶段、初始产甲烷阶段和稳定产甲烷阶段。此外,有研究认为还存在稳定好氧阶段或腐殖质分解阶段,若氧气扩散到垃圾填埋场的速度超过微生物耗氧量,则填埋场区通过好氧生化反应可以有效分解垃圾中的污染物,随着时间的推移,可以将厌氧垃圾填埋场部分区域假设为好氧生物系统。由于垃圾堆体通过多年填埋反复压实,从平面上看由作业区分成若干块,纵向上看则被覆土层分成多个反应层面,垃圾填埋场不同区域、不同深度通常处于不同的分解阶段。来自较老的产甲烷垃圾的渗滤液与酸性区域的新鲜垃圾的渗滤液混合,通过渗滤液污染物很难推断出填埋库区固体废弃物分解过程及阶段。因此渗滤液特性与垃圾分解状态之间存在很强的因果关系,但渗滤液污染物在整个填埋过程中发生实时变化。

填埋场场龄的增加也会导致填埋库区性状变化并影响渗滤液水质。随着垃圾填埋场区堆体的稳定,渗滤液各项污染物指标都会随之改变。在酸化阶段,渗滤液可能表现为pH 偏低并存在多种高浓度的化合物,尤其是富含高浓度的易降解有机化合物和挥发性脂肪酸。填埋场进入后期稳定的产甲烷阶段,pH 升高,BOD_5/COD 则显著降低,有机碳降解能力随之降低,并且 pH 升高会影响到无机污染物性状。垃圾渗滤液的成分随填埋龄的延长发生很大变化,因此需要对填埋场渗滤液中成分的化学变化进行分析,并在从产乙酸阶段到产甲烷阶段的时间范围进行充分的调查和估算,再进行渗滤液处理设施的设计。渗滤液水质宜以实测数据为基准,将未来水质变化趋势纳入设计中。除场龄导致库区从酸化阶段到产甲烷阶段对渗滤液组分产生的影响外,还应该预测渗滤液污染物浓度的短期变化,例如季节性变化。掌握渗滤液污染物组分对于预测垃圾填埋场的长期影响至关重要。即使在垃圾填埋场停止接收废弃物并封场后,堆体内的垃圾仍将继续分解,虽然渗滤液产量在封场后会有显著下降,但渗滤液仍然会在很长的一段时间内持续产生。在对封场后垃圾填埋场的长期稳定性进行评估时,应认真考察覆土层的完整性,若覆土层被损坏填埋场关闭后渗滤液产生量实际上仍会增加很长时间。

生活垃圾填埋场渗滤液水质见表2.1。

表 2.1　生活垃圾填埋场渗滤液水质

成分/$(mg \cdot L^{-1})$	酸化阶段	产甲烷阶段	平均值
BOD_5	4 000 ~ 40 000	20 ~ 550	
COD_{Cr}	6 000 ~ 60 000	500 ~ 4 500	
BOD_5/COD	0.58	0.06	
SS	500 ~ 2 000	200 ~ 1 500	
pH	4 ~ 8	7 ~ 9	
硫酸(H_2SO_4)	70 ~ 1 750	10 ~ 420	
钙(Ca)	10 ~ 2 500	20 ~ 600	
铁(Fe)	20 ~ 2 100	3 ~ 280	
氨氮(NH_3-N)			740
总磷(TP)			6
锌(Zn)			0.17
锰(Mn)			740

2.2.3　生活垃圾填埋场渗滤液污染控制标准

《生活垃圾填埋场污染控制标准》(GB 16889—2008)于 2012 年开始强制实施,新标准不仅提出生活垃圾填埋场的选址、建设、运营相关标准及要求,还对一般工业固体废物、处理污水、处理污泥入场进行了明确规定。对垃圾渗滤液处理而言,新标准规定:所有现有和新建的城市生活垃圾填埋场必须建设独立完整的污水处理设施,处理设施工艺设置应满足排放限值要求,渗滤液应在处理后进行达标排放,直接进入环境水体。此外,新标准对于实施暂不能实现渗滤液深度处理的填埋场做出规定,可以在 3 年内对渗滤液进行预处理后排入城镇污水处理厂再行处理。为降低冲击负荷,渗滤液进入污水处理厂需确保均匀注入,并且在限期内建设独立达标的渗滤液处理站,实现达标排放。新旧垃圾填埋场渗滤液处理排放标准对比表见表 2.2。

表 2.2　新旧垃圾填埋场渗滤液处理排放标准对比表

污染物	GB 16889—2008	GB 16889—1997		
		一级标准	二级标准	三级标准
$BOD_5/(mg \cdot L^{-1})$	30	30	150	600
$COD_{Cr}/(mg \cdot L^{-1})$	100	100	300	1 000
氨氮/$(mg \cdot L^{-1})$	25	15	25	—
悬浮物/$(mg \cdot L^{-1})$	30	70	200	400
总氮/$(mg \cdot L^{-1})$	40			
总磷/$(mg \cdot L^{-1})$	3			
色度(稀释倍数)	40			

2.2.4　渗滤液传统处理工艺概述

垃圾渗滤液常规处理技术分为物理化学处理技术、生物处理技术和土地处理技术等。水质和水量的变化对物化方法影响较小,并且出水水质稳定,特别是对生物降解性差的垃圾渗滤液和含有有毒、有害生物处理的垃圾渗滤液。但物理化学方法运行成本较高,因此一般采用物化法作为垃圾渗滤液的预处理和尾端处理方法。垃圾渗滤液处理的物化过程包括吸附、过滤、吹脱、蒸发、膜分离、化学沉淀和高级氧化等。2008 年以前,新填埋场污染物控制标准还未实施,生物法是渗滤液处理的主流工艺,在国内外得到广泛应用,相对而言对中早期垃圾渗滤液更为有效,生物方法通过微生物絮体对污染物的吸附和微生物的代谢降解,去除渗滤液中的污染物。生物处理技术根据污水的需氧量分为好氧处理、厌氧处理和好氧–厌氧联合处理。土地处理中的土地下渗法和湿地法,属于低成本污染物集中处置方式,不仅对周边环境会造成严重二次污染,并且难以实现难降解污染物的最终无害化处理,现在包括沙漠戈壁地区也不允许直排污水进行下渗或蒸发处置,该方法已不适用于高浓度废水处理。

2.2.5　常规处理工艺存在的问题

生物处理和土地处理方法,从现在垃圾渗滤液处理设施运行情况来看,主要有下列几个方面的问题:

1. 新排放标准的实施

随着生态环境部门对渗滤液排放要求的进一步提高,单纯的生物方法已经不能满足排放要求。土地法中的湿地处理对排放区域生态环境会产生严重影响,金属离子无法脱除,只能运用于封场后的生物消减。

2. 无法维持长期稳定运行

生物工艺处理垃圾渗滤液在理论上是可行的,但生物处理方法抗冲击负荷能力差,导致无法取得良好的处理效果。垃圾渗滤液的原液营养比例失衡,NH_3-N 含量高,且 C、P 含量偏低,碳源缺乏,生物脱氮差,生物脱色难。如宜宾市垃圾填埋场,原采用厌氧生物处理工艺,由于生物段长期无法稳定运行,而后改造为完全的物化+膜分离方法,造成投资的巨大浪费。

3. 高浓度氨氮

高浓度的氨氮导致生化处理中的微生物失活。因此,物理化学方法预处理氨氮是十分必要的,吹脱是最经济有效的方法。大量氨氮不仅造成原液水体黑臭,也使得处理的难度和成本加大。

4. 难降解有机物

生活垃圾渗滤液中含有大量的难降解有机物,生物处理过程中也会产生一些难降解的代谢产物,难以通过生物处理实现达标排放。因此,应采取相应的后续处理方法,如反渗透、化学氧化、活性炭吸附等。增加的费用抵消了原有的成本优势。

总之,城市生活垃圾的成分越来越复杂,垃圾渗滤液水质亦趋于复杂,进一步提高了渗滤液处理的难度,原有的渗滤液处理技术已经不能满足新的污染物控制标准的要求。

2.3　DTRO 工艺优势对比

随着新填埋场污染物控制标准实施,大批已建成渗滤液处理设施进行了技术升级改造,采用生物处理方法的项目升级改造采用 MBR 工艺居多,可以在原有处理设施的基础上,再加入超滤、纳滤和反渗透,使渗滤液达标排放;华南地区蔗糖加工业发达,其工艺、设备生产维护较为完善,由此发展出了完全蒸发固化渗滤液的 MVC 技术,采用电加热方式使得固液完全分离;DTRO 则是反渗透的一种形式,采用改性复合膜片,承压性能高的导流盘和筒体,对渗滤液处理后可达标直接排放。

通过对三座地处云贵高原的县级生活垃圾填埋场进行实地调研,并结合设备厂商提供的技术材料,包括云南省迪庆州某县生活垃圾卫生填埋场渗滤液处理站(MBR 工艺)、大理州某县生活垃圾卫生填埋场渗滤液处理站(MVC 工艺)、昆明市某县生活垃圾卫生填埋场渗滤液处理站(DTRO 工艺),将三种工艺的工艺特点、技术路线、综合造价和运营成本进行对比分析。

2.3.1　新型渗滤液处理技术运用情况概述

1969 年,美国的 Smith 等人首次报道了将活性污泥法和超滤膜组件相结合处理城市污水的工艺研究,该工艺大胆地提出用膜分离技术取代常规活性污泥法中的二沉池,这就是膜生物反应器的最初雏形。该方法克服了传统活性污泥工艺中污泥浓度低、水力停留时间与污泥龄的矛盾和易出现污泥膨胀的缺点,实现了水力停留时间和污泥停留时间的分离,增加了污泥浓度和延长了水力停留时间,对 COD 的去除率一般在 90% 以上。由于这些优点,在渗滤液排放标准提高之后,MBR 系统处理工艺在渗滤液领域得到广泛应用。

1988 年,DTRO 工艺开发成功,该工艺是专门为了处理垃圾渗滤液而开发的,目前成为垃圾渗滤液处理中最成功的膜组件类型。它由六个子系统组成:预处理系统、两级反渗透系统、自动清洗系统、PLC 控制系统、除味系统以及浓缩液处理系统。其中,除浓缩液处理系统根据工程需要配套外,其余的系统均为整套配置。迄今正常运行已超过 30 年;DTRO 技术于 2002 年被引入中国,至 2015 年,DTRO 系统工艺在国内垃圾填埋场渗滤液处理中已有超过数百项应用实例。

2003 年,MVC 系统处理工艺在实验室内进行小试实验,2004 年 3～5 月在中山迪宝龙厂内采用自制试验装置进行中试,取水来自珠海市沥溪垃圾填埋场,结果证明该工艺技术对垃圾渗滤液处理的有效性。而后在潮州锡岗垃圾填埋场采用 20 t/d 的 MVC 系统,进行为期近一年半的生产性试验。广东省建设厅对 MVC 系统处理工艺进行了科技鉴定并形成了相关的科技鉴定证书。第一个投产项目为广州从化市生活垃圾填埋场渗滤液处理站,于 2007 年 4 月开始安装调试,同年 7 月开始正式运行,处理量为 200 t/d,从化市环境监测站的定期和不定期的检测结果出水水质均符合《生活垃圾填埋场污染控制标准》(GB 16889—2008)表 2 标准。

2.3.2 工艺流程及机理

1. MBR

MBR 工艺全称为缺氧反硝化-好氧硝化-MBR 膜系统-纳滤系统-反渗透系统组合工艺。调节池渗滤液经物理过滤系统后进入反硝化池,在水解酸化反硝化菌的作用下去除废水中硝态氮;反硝化池中设有搅拌装置;反硝化池出水进入硝化池,池中进行充分供氧,降解废水中的有机物,并将氨氮转化为硝态氮,同时将废水中 COD 成分分解为 CO_2 和水;硝化池的泥水混合液进入 MBR 膜系统,对混合液进行泥水分离,产生的透过液进入后续膜处理系统;浓缩污泥回流进入反硝化池或进入污泥浓缩池;MBR 膜系统滤出液进入超滤清液箱后进入纳滤(NF)膜系统,滤出液进入 NF 清液箱,如水质合格直接外排,不合格进入反渗透膜系统,滤出液进入排放箱,NF 和反渗透产生的浓液回罐填埋场;系统排出污泥进入污泥浓缩池,浓污泥回填,上清液回流至调节池。膜系统设有清洗系统,当膜的性能下降时,对膜进行清洗,恢复膜的性能。

反硝化细菌在缺氧条件下,还原硝酸盐,释放出分子态氮(N_2)或一氧化二氮(N_2O)的过程。好氧硝化是氨在微生物作用下氧化为硝酸的过程,硝化细菌将氨氧化为硝酸。好氧硝化分为两个阶段:第一阶段为亚硝化,即氨氧化为亚硝酸的阶段;第二阶段为硝化,即亚硝酸氧化为硝酸的阶段。深度处理系统,纳滤(NF)和反渗透(RO)进一步对有机污染物进行分离,确保出水达标,纳滤系统可以减缓对反渗透的污染。在生物法处理过程中,水中的污染物一方面作为微生物生长繁殖的营养物质,另一方面污染物在分解过程中为微生物的生长提供能量。另外,水中的污染物在微生物的作用下,被转化成为气体排出系统外,对外界环境的影响小;生化处理的副产物-污泥的沉降性能较好,有利于进一步脱水和处理。垃圾渗滤液在常规的一些生物处理技术处理后,总会保留一些不能被生物降解和吸附的惰性 COD,并在排放水体中长期积累,而且随着填埋时间的推移,填埋场的渗滤液的生物可降解性不断下降($B/C<0.1$),生化处理难以奏效。反渗透在压力作用下使渗滤液中的水分子通过半透膜,可以有效地除去其中的细菌、悬浮物、有机污染物、重金属离子、氨氮等污染物质,从而确保出水水质达标。同时,RO 技术对于垃圾渗滤液水质和水量的波动性也具有较高的抗变能力,运行稳定性高。而且膜技术能够连续化操作,机

械化程度高,易于管理,水质不稳定性对膜处理效果的影响较小。

2. DTRO

DTRO 工艺是在高压泵提供的压力下,纯水透过反渗透膜,而水中的其他物质(有机污染物、盐类、重金属等)被截留在反渗透膜的浓缩液侧,不能通过反渗透膜,从而实现水与水中污染物质的分离。在原水罐中完成酸调节,预过滤由砂滤器及芯式过滤器组成,过滤工艺运行过程或清洗过程中可能带入的其他 SS。原水在进行酸调节后,反渗透出水需要进行碱回调,同时,在高压运行环境中,反渗透出水中溶解了大量酸性气体,例如二氧化碳,通过吹脱,吹出水中的酸性气体,有利于减少碱回调过程中的加药量。

反渗透膜为无孔膜,选择性透过水而不能透过其他物质;其截留率与离子电荷、分子量大小等有关,垃圾渗滤液中的有机污染物绝大部分分子量超过反渗透膜透过范围,DTRO 由于较高的操作压力,对有机污染物的截留率稳定在 95% 以上,双级截留率超过99.5%,能充分保证两级 DTRO 出水有机污染物达标排放。DTRO 膜脱盐率超过 98%,能高效截留渗滤液中有机氮以及以硝态氮、亚硝态氮等无机盐形式存在的氮;氨氮是易挥发性气体,在两级 DTRO 工艺设置中,通过原水酸调节,气态氨氮绝大部分溶解于水中,以NH_4^+的形式存在,能被反渗透膜高效截留;单级 DTRO 膜对氨氮/总氮的截留率稳定在90% 以上,双级截留率超过 99.0%,能充分保障两级 DTRO 出水氨氮、总氮达标。反渗透膜对多价金属离子有近乎百分之百的截留率,单价盐截留率大于 98%,可保证透过液中重金属离子达标。

3. MVC

MVC 工艺全称为低能耗机械蒸汽压缩卧管蒸发器 + 离子交换处理垃圾渗滤液工艺。渗滤液经预过滤去除原液中 SS 后进入 MVC 蒸发系统。在 MVC 蒸发系统内由循环泵将渗滤液送至蒸发器上部,在那里渗滤液被均匀分布于热交换组件上并形成液膜;液膜在热交换组件向下流动过程中,渗滤液在加热管的外表面沸腾,且部分汽化,残余部分收集于蒸发器下部形成浓缩液回灌至垃圾填埋场;加热管外产生的蒸汽被高效蒸汽压缩机压缩提高压力和温度至略高于沸点后压入热交换组件的内表面,潜热传递给热交换管外部的渗滤液;冷凝水在管内形成并且被收集至 DI 离子交换系统去除冷凝水中的氨后达标排放。MVC 蒸发系统在冷凝过程中,溶解于渗滤液中的空气、氨气和蒸发出来的小分子的有机物等不凝气体进入气体吸收系统,经过酸碱吸收,氨气、硫化氢和小分子的有机物均被吸收溶解,保证排出的气体达到排放标准。

MVC 系统处理工艺采用低能耗 MVC 蒸发装置将渗滤液进行清污分离,清液再采用DI 离子交换去除氨氮的渗滤液处理工艺。MVC 系统加工技术的核心是水平管降膜喷淋蒸发。蒸发过程是利用蒸汽的特性,当高温蒸汽进入蒸发器的换热管内,并在管内冷水喷淋时,蒸汽在管内冷凝形成冷凝水,蒸汽的热焓传给管外的喷淋水,连续蒸发将水从废水中分离出来,再通过 DI 离子交换去除氨。MVC 系统工艺采用分阶段工艺,第一阶段 MVC 蒸发是成熟的低能耗物理技术分离工艺,在这个过程中,蒸发后的水分从渗滤液中分离出来,其他沸点较高的物质在溶液中,沸点比水中沸点低的物质保持冷凝气体,不凝结成蒸馏水,具有精确控制蒸发温度,出水水质好,氨在蒸发时本身不会凝结,会从水中溢出,但受水亲和力的影响,在水蒸气冷凝的过程中,部分氨会溶于水中造成 MVC 的蒸馏水中的氨氮不能符合排放标准。尾端需要配备脱氨工艺。由于蒸馏水中金属离子的含量很小,因此采用 DI 离子交换树脂去除氨。经实践证明去除效果比较理想,总氨含量在 10 mg/L 以下。在 MVC 蒸发阶段,还可通过闪蒸对水质进行进一步的净化;在 DI 出水阶段,设置有在线的电导率监测仪,确保排放水质达标。

2.3.3 工艺特性

1. MBR 工艺特性

(1)工艺组合灵活。

在对填埋场所在地生活垃圾组分及渗滤液成分进行分析,可以对工艺参数进行优化完善,实现工艺系统抗冲击能力更强,运行更稳定。在操作方面实现了一体化的控制;用硝化反硝化工艺代替了运行成本昂贵的氨吹脱工艺,脱氮效率高。针对渗滤液氨氮浓度高的特点,为了节约电耗和碱度,还可在 MBR 前段设置缺氧段,将 MBR 以 A/O 方式运行。在提供适宜的供氧和碱度条件下,MBR 预计可去除 COD 75% ~ 90%;去除 BOD_5 80% ~ 95%;去除氨氮 90% 以上;去除总氮 60% ~ 85%;出水浊度小于1.0 NTU。

(2)排放达标可靠性高。

利用膜处理可大量去除 SS,对细菌和病毒亦有很好的截留效果,出水清澈透明,水质优良、稳定,可直接回用;反应器内的微生物持有量大,污泥浓度高达 10 g/L,生物处理装置在低污泥负荷条件下运行,抗冲击负荷能力强;生物处理装置的容积负荷高,其相同处理规模的占地面积可减少到传统活性污泥法的 1/5 ~ 1/3;由于反应器在高容积负荷、低污泥负荷条件下运行,剩余污泥产量低,甚至可以达到基本无剩余污泥排放的程度,节省污泥处理费用和避免二次污染;纳滤分离作为一项新型的膜分离技术,能截留分子量大于 100 的有机物以及多价离子,允许小分子有机物和单价离子透过;可在高温、酸、碱等苛刻条件下运行,耐污染;运行压力低,膜通量高,装置运行费用低。反渗透利用反渗透膜对溶液中溶质和溶剂的选择渗透性,对污水中的无机物、有机物与水进行分离,实现达标排放。

(3)曝气系统氧利用率高。

采用射流加鼓风组合曝气装置克服了射流曝气设备能耗高,鼓风曝气对生化黏度高氧利用率低的缺点。射流和鼓风结合曝气在生化上形成合理搅拌,这样可以抑制生化泡沫过量生长,让生化泡沫得到有效的控制,而带射流和鼓风曝气系统在氧气和污泥的接触面积上有一个很好的保证。一般的曝气装置氧的利用率在 18% ~ 25%,而射流加鼓风曝气的氧利用率在 35% 左右,而氧的利用率更不会在污泥黏度高的时候低太多,因为带射流曝气的系统中,在污泥黏度高的时候保证了氧和污泥的接触面积,所以本工艺的曝气系统可以有效稳定保证生化溶解氧,在氧的利用率上更高效。

(4)工艺流程可分阶段控制。

MBR 工艺利用膜分离设备将生化反应池中的活性污泥和大分子有机物截留住,省掉回流沉淀池,活性污泥浓度可以大大提高,水力停留时间(HRT)和污泥停留时间(SRT)可以分别控制,而难降解的物质在反应器中不断反应和降解。MBR 工艺的主要特点有:污泥龄长,脱氮效率高,剩余污泥量小;出水稳定,耐冲击负荷高;较传统工艺占地面积小。系统实现全部在线监测,而操作人员检测的数据是反应和在线的对照,在运行过程中可以及时发现问题,对系统的稳定运行是最大的保证。

2. DTRO 工艺特性

(1)生产安装调试简单。

DTRO 系统处理工艺是基于碟管式反渗透膜的工艺运用,其核心技术在于碟管式反渗透膜的独特结构形式,使得反渗透膜直接处理垃圾渗滤液成为可能,是一种稳定可靠的垃圾渗滤液处理技术,具体特点如下:流程简洁紧凑,设备成套装置标准化,两级 DTRO 成套装置集成了用于预处理的砂滤系统、保安过滤器,用于反渗透分离的膜组件、高压泵、循环泵,用于系统清洗的清洗水箱以及用于设备供电及控制的 MCC 柜和 PLC 柜等。此外,用于原水加酸调节,出水碱回调等原水罐、泵阀等也是标准化成套设备,均在工厂完成加工、安装及调试;运达现场吊装就位后即可调试,投入运行周期短。

(2)工艺稳定性强、维护简单、能耗低。

由于影响膜系统截留率的因素较少,因此系统出水水质很稳定,不受可生化性、炭氮比等因素的影响;工艺中采用的 DT 膜组件采用标准化设计,组件易于拆卸维护,打开 DT 组件可以轻松检查维护任何一片过滤膜片及其他部件,维修简单,当零部件数量不够时,组件允许少装一些膜片及导流盘而不影响 DT 膜组件的使用。

(3)系统使用寿命长。

DT 膜组件有效避免膜的结垢,膜污染减轻,使反渗透膜的寿命延长。DT 的特殊结构及水力学设计使膜组易于清洗,清洗后通量恢复性非常好,从而延长了膜片寿命。实践工程表明,在渗液原液处理中,一级 DT 膜片寿命可长达 3 年,甚至更长,接在其他处理设施后(比如 MBR)寿命长达 5 年以上,这对一般的反渗透处理系统是无法达到的。

(4)自动化程度高,占地面积小。

该工艺系统为全自动式,整个系统设有完善的监测、控制系统,PLC 可以根据传感器参数自动调节,适时发出报警信号,对系统形成保护,操作人员只需根据操作手册查找错误代码排除故障,对操作人员的经验没有过高的要求。DTRO 系统工艺的核心设备为集成式安装,附属构筑物及设施也是一些小型构筑物,占地面积很小。DTRO 系统工艺的核心组件为 DTRO 一体化设备,移动安装简便,设备整体使用寿命 20 年以上,一个项目结束后可移至其他项目继续使用。

(5)环境温度适应性较好。

DTRO 系统工艺在全国大部分地区均有成功运用。两级 DTRO 工艺设备中无对气压敏感设备,原则上水温 5 ~ 40 ℃均能保证出水达标,一般说来,温度升高时,反渗透膜通量增大,截留率下降,但两级 DTRO 膜系统运行压力远高于一般的反渗透膜,高运行压力下,膜截留率上升;温度降低时,反渗透膜通量下降,两级 DTRO 系统设计时已充分考虑进水温度带来的影响,设计留有较大余量,可保证设计处理量的要求。

(6)正常工况下产水率较高。

反渗透膜系统清水产率与电导率及操作压力相关,二级碟管式反渗透(DTRO)工艺设计时以原水 25 000 μS/cm(TDS 约为 20 000 mg/L),水温 15 ℃为设计条件,操作压力 40 ~ 45 bar 时,设计清水产率(回收率)>75%;二级碟管式反渗透(DTRO)系统设计最大运行压力可达 65 bar,25 000 μS/cm 电导率下,通过提高运行压力可得到较高的回收率(可达到 80%),低电导率下(电导率低于 20 000 μS/cm),设计正常运行压力下清水回收率可达 80% 以上。二级碟管式反渗透(DTRO)工艺中,次生污染物主要为浓缩液,浓缩液量一般为处理量的 20% ~ 25%,采用回灌方式处理。

(7)不受水质波动影响。

DTRO 系统处理工艺对渗滤液水质随季节、填埋年龄变化有较大的适应性。DTRO 系统采用纯物理方式,对渗滤液水质的生化指标不敏感,对渗滤液中有机污染物、氨氮/总氮、重金属离子及盐类有稳定可靠的截留率。

(8)可间歇运行。

DTRO 系统重新启动迅速,一小时内可正常启动运行,间歇运行不影响膜系统寿命,对运行效果无影响;间歇运行时一定程度增加运行费用(良好的运行可延长膜寿命,间隙运行间隔时间过长时,启动时应对膜系统进行清洗,一定程度缩短清洗周期,增加清洗药剂消耗)。处理规模 100 t/d 及以下吨位的二级碟管式反渗透(DTRO)系统集成于一套支架上,可安装于一个 40 英尺(1 英尺=30.48 厘米)标准集装箱内,移动方便;主要设备使用寿命高达 20 年以上(膜片使用寿命见其他章节),一个项目处理任务后可移动至新的项目继续使用,土建含量少,一次性投资剩余残值可观。

3. MVC 工艺特性

(1)自动化程度高,管理人员要求低。

MVC 属于物理处理工艺,工艺点控制精确,可进行标准化管理。管理人员专业能力要求不高(有初级的机械和电工知识)即可胜任。系统的自动化程度高,为全自动控制,设置了 PC 人机界面,同时设置了设备现场触摸屏控制。系统操作为一键式启动、一键式在线清洗和一键式停机以及中央控制室和现场的紧急停机,操作和管理方便直观。渗滤液经过 MVC 蒸发进行分离后,90% ~ 95% 为清水,副产物为 5% ~ 10% 渗滤液浓液,这些浓缩液因为量少可以回灌处理;同时也可以采用加入吸附材料经压滤处理的方法经销处理,滤渣包装后填埋。

(2)不受水质变化影响。

填埋场渗滤液水质通常会因为雨季和旱季呈一定的规律变化,在雨季通常渗滤液中污染物浓度较低(COD_{Cr} 为 3 000 ~ 6 000 mg/L),而旱季的渗滤液浓度相对较高(COD_{Cr} 为 5 000 ~ 15 000 mg/L),这主要是因为进入渗滤液中的雨水的量不同所导致。垃圾填埋场渗滤液还有另外一个特点,填埋初期、中期、后期的水质也呈现明显变化。MVC+DI 工艺是物理分离过程,其原理是通过蒸发和冷凝的过程,将水中的沸点较水高的物质留在浓缩液中,而沸点较水低的物质通过排气进行去除,只是极少部分沸点与水近似的物质会冷凝到蒸馏水中,所以对渗滤液水质的变化不敏感,在系统中还有闪蒸工段将已经溶于蒸馏水中的物质排出蒸馏水之外,水质的波动不会对本工艺造成影响。所以 MVC+DI 工艺不受渗滤液水质波动的影响。

(3)可以间歇运行。

MVC 系统没有生化段,适应随开随停,运行非常灵活,可间歇运行。MVC 系统处理工艺设备化程度高,寿命长达 20 年以上,适宜于二次搬运,二次搬运后只需少量的附属设施如小水池等即可。

(4)气候适应性好。

该技术工艺在各地的实际运用基本覆盖了中国的气候和地理区域。对于 MVC+DI 技术而言,在 MVC 蒸发阶段,气压低时,蒸发的温度降低,对于蒸发过程产生结垢的减轻是有帮助的,可降低结垢率(蒸发温度每降低 1 ℃,结垢率下降约 1%),不会对其他方面产生影响;而 DI 段,气压的高低不会有任何影响,故海拔高低、气温高低不会对 MVC 系统处理工艺有不利的影响,属全天候的工艺技术。

表 2.3　渗滤液处理性能参数工艺对比表

项目	MBR 处理工艺	DTRO 处理工艺	MVC 处理工艺
工艺属性	生物+物理处理工艺	物理处理工艺	物理处理工艺
产水率	70% ~ 75%	75% ~ 80%	90% ~ 95%
水质适应性	在填埋场前期阶段,BOD:COD 的比值较大,较适合生化处理。在填埋场中后期,BOD:COD 的比值变小,可生化性差,且氨氮含量增大,需外投加碳源,以维持生化系统合理的营养配比,完成生化反应	二级碟管式反渗透(DTRO)技术是膜工艺技术的一种,采用纯物理方式,对渗滤液水质的生化指标不敏感,对渗滤液中有机污染物、氨氮/总氮、重金属离子及盐类有稳定可靠的截留率	该工艺是物理分离过程,其原理是通过蒸发和冷凝的过程,将水中的沸点较水高的物质留在浓缩液中,而沸点较水低的物质通过排气进行去除,基本不受渗滤液水质波动的影响

续表 2.3

项目	MBR 处理工艺	DTRO 处理工艺	MVC 处理工艺
气候适应性	海拔高度增加,需对风机风量进行相应调整;水温过低时,应采取相应的保温措施以保证生化反应的正常进行	不受海拔高低的影响[注],当水温过低时,清水产水率下降,应采取加温措施以保证清水得率	不受海拔高低、气温高低的影响
是否间歇运行	含生物处理单元,停止运行后重新启动较困难	可间歇运行,重新启动迅速	可间歇运行,重新启动迅速

注:DTRO 受海拔影响情况在后文中进行讨论。

2.3.4　存在的主要问题

1. MBR 工艺运行中存在的主要问题

(1)系统适用环境条件要求较严格。

实际运行参数与设计参数偏差较大,AO 系统中,一般设计停留时间为好氧 1.5 ~ 3 h,厌氧 0.5 ~ 2 h;有机污泥浓度为好氧 2 000 ~ 6 000 mg MLVSS/L,厌氧 5 000 ~ 10 000 mg MLVSS/L。实际在使用中停留时间要延长至好氧 4 ~ 8 h,厌氧 2 ~ 2.5 h;有机污泥浓度为好氧 8 000 ~ 15 000 mg MLVSS/L,厌氧 2 000 ~ 12 000 mg MLVSS/L,停留时间较长也导致反应池容积要比设计容积大 1.5 倍左右。在渗滤液处理设计参数中,每一个参数的选择都会给系统的出水指标和稳定运行带来非常大的影响,在实际运用中,各参数远高于设计手册推荐数值,经总结归纳 MBR 系统适于应用于温度 28 ~ 30 ℃,pH 在 6.8 ~ 7.3,DO 为 3 ~ 5 mg/L,回流比为 35 的工况下。

(2)生化过程有时会有大量的泡沫出现。

分析可知水中含有表面活性物质。丝状菌过量生长会导致菌胶团携带大量空气从而在水面形成稳定的难以去除的浮渣泡沫。如果废水中含有过量的脂肪酸,系统的污泥停留时间较长,污泥回流率较低,较低的 F/M 比会造成丝状菌的过量生长,导致泡沫产生。可以考虑采取表面高速流喷射、控制污泥停留时间、提高回流比和 F/M 比、使用消泡剂等方式解决,但对项目运行管理要求较高。

(3)曝气池污泥性状异常。

曝气池有臭味。曝气池中氧不足,菌胶团将减少,而丝状菌、真菌将可能或大量繁殖,特别是贝氏硫菌等喜欢在 DO 不足时出现,此时活性污泥发生腐败臭味,这是负荷的变化,或是曝气设备的故障,若 DO 不能增加,就只能减少进水。

(4)污泥发黑。

DO 不足,应加大进气量;还有可能是污泥回流不畅造成的腐化污泥,应加大污泥回流量。

（5）污泥发白。

当 pH 为 3~5 时,污泥呈白色,此时丝状菌、霉菌、固着纤毛虫大量繁殖,使污泥发白,另外,镜检可能有线虫。pH 变化导致污泥颜色的变化现象。pH=7 为黄色;pH=8~9 时为黄褐色,但透明度有点差;pH=9~11 时,污泥变为粉红色,透明度不良,微生物减少。提高进水的 pH,当丝状菌大量时,在回流污泥中投加漂白粉,投加量为干污泥的 3‰~6‰。

（6）填埋后期渗滤液可生化性下降,氨氮含量增加。

在填埋场后期,渗滤液水质的有机碳源下降、可生化性降低、氨氮的含量升高。该水质状况对硝化、反硝化系统会产生一些影响,需要对系统的运行状况进行一些调整。在前期阶段,BOD/COD 和 C/N 的比值相对中期、晚期值要大,较适合生化处理。在中期阶段,BOD/COD 和 C/N 的比值相对于生化反应需比例偏小。在后期阶段,BOD/COD 和 C/N 的比值对于生化反应需比例偏小较多。在实际工程案例设计中,针对做到适应水质趋势可调节的工艺。例如在水质 BOD/COD 和 C/N 失调的情况下,需要投加碳源,以维持生化系统合理的营养配比。投加的碳源可以是葡萄糖、甲醇或是其他有机原料,等等,需视情况而定。

2. DTRO 工艺运行中存在的主要问题

（1）运行过程中渗滤液的电导率过高。

处理原水电导率为 25 000 μS/cm（TDS 约为 20 000 mg/L）以上的渗滤液,设计正常运行压力下,清水回收率可达 80% 以上。目前国内已实施的 100 多个项目平均电导率在 4 000~16 000 μS/cm 之间,在极端情况下超过设计的 25 000 μS/cm 时对设备仍可以正常运行,但对清水回收率有影响,此时回收率会持续下降。

（2）低温时清水产率下降较大。

因为水温下降清水得率降低是由膜的物理性质所决定的,当水温过低时,无法保证 DTRO 系统的清水得率。

3. MVC 工艺运行中存在的主要问题

（1）结垢问题。

结垢几乎是所有加热浓缩工艺都需面对的难题。MVC 系统中接触原液和浓缩液的部分有结垢的可能,在换热管、管道、换热器等可能形成结垢的部位设置了清洗的装置,延缓结垢而导致的问题。渗滤液的成分复杂,在蒸发浓缩的过程中,产生的结垢成分也相对复杂,在清洗时需先采用碱洗,将有机物溶解,使得包裹在有机物中间的无机物暴露出来,再采用酸洗,溶解垢片中的碳酸钙、碳酸镁等无机部分。若不慎导致蒸发器结垢严重,需要重复增加一至两次酸碱交替清洗。

（2）能耗问题。

蒸发工艺应用受到限制的一个重要的原因就是高能耗问题，采用单效蒸发，每蒸发1 t水需消耗蒸汽至少1.1 t，电力3～6度。新型蒸发工艺MVC其吨水电耗最低可达到6度，对于一般介质和应用，综合电耗也在20度以下，且不需要外加蒸汽，节能效果相对较好。

（3）系统进出物料的温度差。

若进入系统的物料的温度和排出系统的物料的温度差大，势必增大系统的能耗，本系统控制排出物和进料的温度差在3～5 ℃，有一定的能量消耗，但若温度差过小，能耗效率会上升，但是一次性投资成本上升幅度大，需从经济和技术方面综合考虑和决定。系统的热辐射损失热量，不凝气体的排出也带走部分热量。

（4）腐蚀问题。

在工业生产中，蒸发工艺所服务的介质通常有较强的腐蚀性，所以针对不同的介质和应用要求，选择不同的材质以应对腐蚀性的问题。针对渗滤液的特性，其成分复杂，其中的氨、氯离子对金属有一定的腐蚀性，MVC蒸发系统中浓液和原液的触液部分需采用型号为316L的不锈钢，可抵抗渗滤液中的无机盐、氨等的腐蚀，成本较高，寿命可在20年左右。

（5）水质波动的影响。

MVC工艺为单效蒸发系统，在工艺过程中，其蒸发点和冷凝点范围狭窄，与水的沸点接近的其他物质才可能进入蒸馏水中，沸点比水低的小分子有机物和不凝气体一起由气体吸收系统进行吸收处理，不会进入到蒸馏水中；沸点较水高的大分子的有机物，保留在浓液中，不会被蒸发出来；离子态的无机盐也不会被蒸发出来，留在浓液中。对于和水的沸点接近的小分子有机物，在系统中设置有闪蒸去除有机物的工段，当蒸馏水被收集到蒸馏水罐中时，因为压力的突然释放形成剧烈的闪蒸，将水中的小分子的有机物从水中带出，达到纯净蒸馏水的效果。实践证明，渗滤液的COD低于20 000 mg/L时，蒸馏水的COD值可稳定低于60 mg/L；当COD的值超过30 000 mg/L以上时，COD的值会稍稍升高，能耗会略有升高。

（6）气体吸收残液。

蒸发液体通常会溶解一定量的气体如空气、二氧化碳，甚至氨气等，在蒸发工艺过程中，气体会从水中出来，这些气体为不可凝结的气体，从蒸发系统排出，否则会影响蒸发系统的运行。对于垃圾渗滤液的蒸发，不凝气体主要由空气、二氧化碳、氨气、小分子的有机物和极少量的蒸汽组成，为保证现场操作环境的优良和排气达标，采用酸碱对其进行吸收。由于不凝气体中残存极少量的蒸汽，吸收液的温度会上升，可采用排放的蒸馏水对液体进行降温，吸收液存在一定量的残液，最终要与系统产生的浓液一起进行回灌处理。

2.4　DTRO、MBR 和 MVC 综合成本分析

2.4.1　建设投资费用

DTRO、MBR 和 MVC 系统处理量均为 100 t/d,产水能力对比表见表2.4。

表 2.4　产水能力对比表

项目	进水量/t	产水量/t	回收率/%
DTRO	100	75	75
MBR	100	70	70
MVC	100	90	90

DTRO、MBR 和 MVC 工艺投资以设备购买费用为主,建安工程费主要受设备占地面积影响,建设投资费用对比表见表2.5。

表 2.5　建设投资费用对比表

序号	项目	估算投资/万元		
		DTRO	MBR	MVC
1	建安工程	40	50	80
2	设备费	912	750	900
3	安装运输费	25	40	40
4	联合试运转费	15		
	合计	992	840	1 020

2.4.2　DTRO 系统运行成本

1. 主要设备能耗、药耗及成本计算

按照进水 100 t/d,达标排放水 75 t/d,DTRO 系统处理工艺装机功率 61.68 kW,运行功率 37.35 kW,吨水能耗 8.96 kWh。

DTRO 系统处理工艺药剂消耗主要有,用于原水酸调节的浓硫酸,用于出水碱回调的氢氧化钠,用于系统清洗的酸性清洗剂(C 清洗剂),碱性清洗剂(A 清洗剂)及阻垢剂。药耗为 988.8 元/d,直接成本见表2.6。

表 2.6 DTRO 系统处理工艺直接运营成本表(含换膜费用)

工艺段	项目	日消耗量	单价	日运行费用
DTRO 系统	电费	896 kWh/d	0.6 元/kWh	537.8 元/d
	清洗剂 A	15.5 L/d	25.0 元/L	388.5 元/d
	清洗剂 C	7.8 L/d	25.0 元/L	194.3 元/d
	阻垢剂	0.4 L/d	300.0 元/L	120.0 元/d
	硫酸	150.0 L/d	1.8 元/L	270.0 元/d
	NaOH	4.0 kg/d	4.0 元/kg	16.0 元/d
一级膜柱换膜费用		47 支膜柱/3 年	87 元/片	863.2 元/d
二级膜柱换膜费用		12 支膜柱/5 年	87 元/片	132.2 元/d
设备维护费用			50 000 元/年	138.9 元/d
人工费		2 人	2 000 元/月人	133.3 元/d
合计				2 794.3 元/d
按每天 100 t 计,吨水运行费用为				27.9 元/t

2. 单位运营成本分析

单位运营成本指对一次性投资的设备费用及建构(筑)物费用进行折旧,计入日常运行费用中,根据要求,设备费用以 15 年折旧,土建费用以 20 年折旧。

净残值:如前所述,两级 DTRO 系统设备有极强的循环利用价值,本工艺汇报中以净残值 40% 计,由于直接运行成本(预提换膜费用)已经计提换膜费用,设备折旧中扣除膜片投资;建构(筑)物不计算残值。

折旧方式:采用等额折旧法。

计算过程:

设备折旧:$[912-(47+12)×209×87/10\ 000]×(1-0.4)/15=32.19$ 万元/年

土建折旧:$40/20=2$ 万元/年

折旧费用总计:$32.19+2=34.19$ 万元/年

年处理渗滤液量:$330×100=33\ 000$ t

吨水折旧费用:10.97 元

单位运营成本:$27.9+10.97=38.87$ 元/t

2.4.3 单位运行成本对比结论

分别按照进水 100 t/d,以及出水 100 t/d,对单位运行成本核算后对比结果见表 2.7。

表 2.7　系统处理工艺单位运营成本对比表

序号	项目	DTRO		MBR		MVC	
		进水	出水	进水	出水	进水	出水
		100 t/d	100 t/d	100 t/d	100 t/d	100 t/d	100 t/d
1	装机功率及电耗/kW	61.68	72.68	120.5	202.1	190	200
2	药耗 /(元·t^{-1})	9.89	9.53	早期 3.13 中期 5.33 晚期 7.89	早期 2.82 中期 3.88 晚期 4.99	5.3	5.3
3	工程投资 /万元	992	1 154	840	1 180	1 020	1 080
4	占地面积 /m^2	220	220	850	950	300	300
5	人员配置	2 人	2 人	5 人	5 人	6 人	6 人
6	单位运营成本 /(元·t^{-1})	38.87	35.3	早期 42.99 中期 43.83 晚期 44.75	早期 41.33 中期 42.01 晚期 42.54	40.71	39.38

经过对比,进水量为 100 t/d 时,DTRO 单位运行成本为 38.87 元/t,MBR 单位运行成本为 43.82 元/t,MVC 单位运行成本为 40.71 元/t。三种工艺中,在相同处理量或是相同出水量的情况下,DTRO 单位运行成本都为最低。直接工程费用方面,MVC 最高,总投资为 1 020 万元;MBR 最低,总投资为 840 万元,但 MBR 工艺段最为复杂,需建设生化反应处理设施、纳滤系统、反渗透系统,因此占地面积最大,达到 850 m^2,DTRO 系统占地面积最小,仅为 220 m^2。综上所述,与 MBR、MVC 工艺相比,DTRO 工艺的建设成本及运营成本较低。

2.5　关键技术点差异分析

经实地调研,MBR、DTRO、MVC 三种组合工艺运行稳定,处理生活垃圾渗滤液均可以达到《生活垃圾填埋场控制标准》(GB 16889—2008)限值标准。

(1)由于生物处理技术相对成熟且投资较低,作为常规处理方法,2008 年以前在许多地区渗滤液处理项目中得到广泛推广应用,而后为满足国家新的污染控制标准,增加了膜设备进行深度处理,一度成为较为流行的推广技术。MBR 可以针对不同地域渗滤液水质特点,对生物处理段进行优化,连续运行可有效降低处理成本,减轻后段膜组的污染负荷;

然而生物处理占地面积大,受温度影响较大,同时也受水质水量变化的影响。云贵高原气候会在短时间内发生变化,气温随日照和降雨迅速上升或下降,实际使用中生物处理对渗滤液冲击负荷承受能力较差,菌群对温度变化敏感,气温下降停用则反复增加投放、驯化成本;为确保尾端出水达标,减少反渗透膜污染,膜工艺段一般采用 NF+RO 甚至 UF+NF+RO,微滤、超滤和反渗透都会产生浓缩液,清水回收率逐步降低。

(2) MVC 工艺为物化处理方法,对处理水质无要求,操作简单、可以二次搬运,设备在封场后可以转场使用;实际使用中结垢及起泡现象较为严重,且能耗较高,设备材料要求高,耗材更换贵,运行过程中需要对蒸发器周期性持续进行维护保养,各地维持正常运行存在一定困难。

(3) DTRO 工艺可以采用完全物理分离方式处理渗滤液(两级 DTRO),也可以适应不同水质的渗滤液,在工艺段前置或后置其他工艺,结合为组合工艺。设备相较于 MVC 体积更小,便于拆卸进行二次搬运,或利用专用车辆装载后进行移动式处理。系统处理规模可以依靠增减膜柱进行动态调整,与卷式膜受损后需要整体更换不同,DTRO 膜片更换简单,出现故障时,只需拆卸膜柱更换受损膜片,不需整体更换。存在的问题方面,由于反渗透特性,温度对膜性能存在影响且膜片更换成本较高,膜污染会造成浓差极化。正常运行过程中,系统会产生约 25% 的浓缩液,回灌后会导致库区电导率积存。

(4) 进水 100 t/d 时,两级 DTRO 系统处理工艺装机功率 61.68 kW,运行功率 37.35 kW,吨水能耗 8.96 kWh。单位运行成本为 38.87 元/t。MBR 单位运行成本为 43.82 元/t,MVC 单位运行成本为 40.71 元/t。三种工艺中,在相同处理量或是相同出水量的情况下,DTRO 单位运行成本为最低。直接工程费 MVC 最高,总投资为 1 020 万元;MBR 工艺占地面积最大,达到 850 m²;与 MBR、MVC 工艺相比,DTRO 工艺的建设成本及运营成本较低,具备更高的经济性。

(5) DTRO 工艺与 MBR、MVC 相比,设备构成以及运行管理较为简单,工艺组合构成具备一定灵活性,可以确保在缺少专业运营人员的欠发达地区项目的稳定运转。现阶段由于工程项目多以简单投放成套设备为主,并未针对渗滤液处理项目所在地特点进行优化,存在膜片更换频率提高、膜组使用寿命降低、浓缩液产生比例增加等问题。

2.6　本章小结

本章对反渗透机理、反渗透运用于渗滤液处理的可行性、必要性进行了分析研究,并通过渗滤液处理工艺的发展沿革对 DTRO 工艺特性进行了对比分析。

1. 采用膜分离技术处理垃圾渗滤液的必要性

垃圾渗滤液成分取决于废弃物组分,具有水质变化快、冲击负荷大等特点。水质随垃圾组分、填埋时间、填埋工艺、气候、季节等因素产生变化,呈现无规律性、无周期性的特点。传统生物处理方法,在运行过程中,存在活性污泥的处理、高浓度氨氮的处理、难降解有机物的处理三个难以解决的问题。为达到《生活垃圾填埋场控制标准》(GB 16889—2008)限值标准,需要在生物处理段后端,进一步增加深度处理设施,才能满足达标排放要求。反渗透是分离精度最高的压力式膜。利用膜两侧静压差为驱动力,平衡两侧的渗透压,逆向推动溶剂流向低浓度的一侧,选择性地截留离子物质,达到混合制剂中固液分离的目的。远超微滤、纳滤等低压膜,可以对大部分溶于水的污染物进行去除,从而达到新污染物控制标准的削减要求。

2. DTRO 工艺优势比选结论

垃圾渗滤液的常规处理技术分为物化处理技术、生物处理技术和土地处理技术等。其中,物化处理——膜分离技术管理较为简单,能够适应渗滤液水质变化快、瞬时冲击负荷高的特点。反渗透技术、高级氧化法以及吹脱等是现阶段针对渗滤液主要污染物较为成熟可靠的去除方法。MBR、DTRO、MVC 三种工艺处理生活垃圾渗滤液均可以达到《生活垃圾填埋场控制标准》(GB 16889—2008)限值标准;MBR 采用传统卷式膜机械强度不好、化学稳定性差、大多不耐高温、酸碱和有机溶剂等,难以在苛刻条件下使用,并且易堵,是一种生物处理向完全物化处理转变中的过渡工艺。MVC 工艺则能耗较高,设备材料要求高,耗材更换贵,运行中后期更换成本难以承受。相比 MBR、MVC 工艺,DTRO 工艺可以采用完全物理分离方式处理渗滤液(两级 DTRO),也可以适应不同水质的渗滤液,在工艺段前置或后置其他工艺,具有工艺组合灵活性;设备体积小,便于拆卸二次搬运;处理规模可以模块化调整,膜片故障时更换较为简单;但也存在一定问题,比如受环境温度影响、浓缩液循环导致电导率积存影响等,需要进一步优化改进。

第3章 DTRO分离性能优化及机理研究

3.1 运行效能影响因素研究

3.1.1 电导率的表征作用

渗滤液以水为连续相,盐的浓度与导电能力存在正相关关系。当水中溶解性固体总量(total dissolved solids,TDS)较高时,即可获得较大的电导率。因此,电导率的测定结果可代表TDS物质的含量。相比盐度测定,电导率测定更加可靠、经济和快捷,观察进出水电导率的变化可以直观地考察RO膜性能的变化。TDS对水质表征作用示意图如图3.1所示。

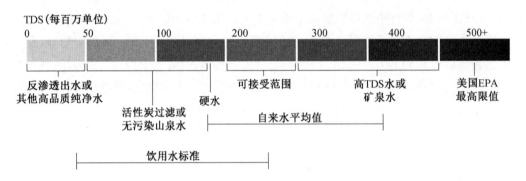

图3.1 TDS对水质表征作用示意图

由于水中含有各种溶解盐类,并以离子的形式存在。当水中插入一对电极时,通电后,在电场的作用下,带电的离子就产生一定方向的移动。水中阴离子移向阳极,使水溶液起导电作用,水的导电能力的强弱程度,就称为电导(或电导度),用 G 表示。电导反映了水中含盐量的多少,是水的纯净程度的一个重要指标,水越纯,含盐量越少,电阻越大,电导越小,超纯水几乎不能导电。电导是电阻的倒数,即

$$G = 1/R$$

式中,R 为电阻,单位为欧姆(Ω);G 为电导,单位西门子(S),$1\ \text{S} = 10^3\ \text{mS} = 10^6\ \mu\text{S}$。

因 $R = \rho L/S$,代入上式,则得到

$$G = \frac{1}{\rho} \cdot \frac{L}{J} = K \cdot \frac{L}{J}$$

式中,G 为电导;K 为电导率;ρ 为电阻率;J 为电极常数;L 为导体长度。

一般对于同一种水源,以温度 25 ℃ 为基准,其电导率与含盐量大致成正比关系,其比例为

$$1\ \mu S/cm = 0.55 \sim 0.75\ mg/L$$

含盐量在其他温度下,则需加以校正,即温度每变化 1 ℃,其含盐量大约变化 1.5% ~ 2%。温度高于 25 ℃ 时用负值,温度低于 25 ℃ 时用正值。

测算得实验所在垃圾填埋场渗滤液含盐量与电导率的比例系数为 0.6 ~ 0.65。

3.1.2　实验采样点概述

开展实验的生活垃圾卫生填埋场位于云南省中部昆明市东南方向,渗滤液处理站位于垃圾填埋库区东面,调节池的西侧,紧邻调节池,地势平坦,海拔标高为 1 910 m 左右。地处金沙江与红河的分水岭,属低纬高原亚热带季风气候区,气候资源丰富、类型多样,有明显的"立体气候"特征。干湿季分明,冬、春季以晴好天气为主,夏、秋季雨水稍多。多年平均气温 14.8 ℃,平均最高气温 21.6 ℃,平均最低气温 9.7 ℃,极端最高气温 31.6 ℃,极端最低气温−6.2 ℃。多年平均降水量 900 mm,旱季(11 ~ 4 月)的平均值为 120 mm,占全年降水量的 13.3%,雨季(5 ~ 10 月)的平均值为 780 mm,占全年降水量的 86.7%。

云贵高原地势由北向南大致可分为 3 个梯层,第一梯层为西北部德钦、香格里拉一带,海拔一般在 3 000 ~ 4 000 m 之间,许多山峰海拔还可达到 5 000 m 以上;第二梯层为中部高原主体,海拔一般在 2 300 ~ 2 600 m 之间,有 3 000 ~ 3 500 m 的高海拔山峰,也有 1 700 ~ 2 000 m 的低海拔盆地;第三梯层则为西南部、南部和东南部边缘地区,分布着海拔 1 200 ~ 1 400 m 的山地、丘陵和海拔小于 1 000 m 的盆地和河谷。其中,面积最大的滇中地区平均海拔约 2 000 m,实验选点的地理、气候特征都具有一定代表性,其实验结果可以对 DTRO 在云贵高原地区的实际运用提供参考。并且将迪庆州某县生活垃圾填埋场渗滤液处理站作为对比项,可以进一步了解更高海拔地区及冬季低温环境下渗滤液处理的相关特性。

3.1.3　实验装置与方法

实验以电导率、温度、运行压力三项运行参数为主要考察对象,检测周期为 10 个月,自 2015 年 8 月 5 日至 2016 年 5 月 15 日,原液水温 9.7 ~ 22.4 ℃,平均每 5 ~ 7 d 采样一次,共计记录数据 57 组。试验过程中系统产水率定为 71%,进水 pH 调节为 6.5。分别调整 1 级反渗透、2 级反渗透运行压力,检测渗滤液 1 级、2 级进出水电导率变化。电导率检测采用电极法,电导率测定仪为 DDS−11A 型;压力由压力表直接读取。

渗滤液由填埋场渗滤液调蓄池接入。实验装置主要由原水罐、沙滤器、芯滤器、一级

DTRO、二级 DTRO、吹脱塔、清水罐、RO 膜片、空压机、泵等组成,处理规模 100 t/d,装机功率 61.68 kW,运行功率 37.35 kW,设计产水率 75%,达标排放 75 t/d。DTRO 系统试验药剂主要有浓硫酸(H_2SO_4)、氢氧化钠(NaOH),分别用于原液和出水的酸碱度调节,以及酸性清洗剂、碱性清洗剂和阻垢剂,用于系统清洗(图 3.2)。

通过研究进出水电导率、环境温度、一二级 DTRO 运行压力之间的关系,分析 DTRO 运行过程中的对清水产水效率、系统能耗以及膜污染产生主要影响的各项参数,并讨论优化方法。

图 3.2　DTRO 系统示意图

3.1.4　填埋库区渗滤液电导率变化分析

该生活垃圾卫生填埋场渗滤液电导率监测自 2015 年 8 月 5 日至 2016 年 5 月 15 日,填埋场渗滤液电导率变化情况如图 3.3 所示。

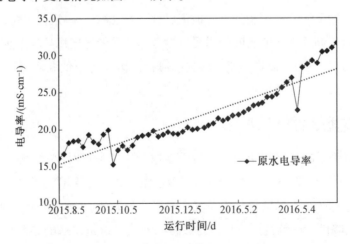

图 3.3　填埋场渗滤液电导率变化情况

运行压力和清洗频率是影响 DTRO 系统日常运行成本的主要因素,10 个月后,填埋场垃圾渗滤液原液电导率由 16.14 mS/cm 逐步上升至 31.63 mS/cm,过程中电导率变化存在波动,从趋势上看填埋场区渗滤液电导率总体呈现不可逆转的持续上升。

3.1.5 电导率与运行压力的关系

DTRO 系统的运行压力由渗透压、净推力两部分共同构成。渗透压是反渗透膜实现分离所需的动力,其升高或降低主要取决于原水中的含盐量和温度的变化。增加液体的透过量获得稳定的产水率则主要依靠净推力。DTRO 系统的操作压力比普通反渗透要高得多,较高的压力有利于获得更高的得水率,并且能够提高氨氮的截留效率。净推力随着进水压力的提升而升高,透过液产生量随之上升,但盐的透过率主要取决于膜分离能力,因此进水压力的升高、降低并不会增大或减小盐的透过率。进水压力升高使得透过液增加,稀释了透过的盐分,盐分截留量不变但脱盐率在数值上呈现上升。另一方面,当系统进水的压力达到一定数值时会导致膜的污染速度加快,浓差极化现象加重,这会使得盐的透过率成倍上升,透过液增量被抵消,脱盐率不再增加,膜系统开始频繁进行清洗。因此水中所含盐分或有机物浓度与渗透压呈函数关系,即进水中含盐量越高,RO 膜系统渗透压越大,浓度差也就越大,盐分透过率上升,从而脱盐率降低(图 3.4)。

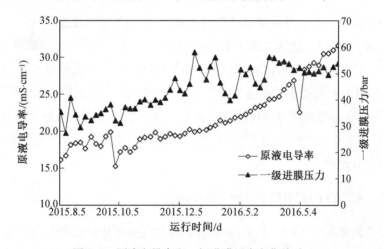

图 3.4 原液电导率和一级进膜压力变化关系

3.1.6 高盐度对 DTRO 脱盐能力的影响

在该新建填埋场中,渗滤液原液电导率随着运行时间逐步升高,一级反渗透运行压力随之由 35.33 bar 上升至 53.7 bar。随着填埋场堆体增加,渗滤液浓度组分日趋复杂,原液 TDS 和电导率总体上升的趋势不可逆。电导率存在波动是由于原液存储于露天渗滤液调节池,日照、降雨等气候因素导致的自然蒸发和降水是影响到渗滤液污染物浓度的最主要因素。一级反渗透进水端压力随电导率同步上升,运行过程中经过化学清洗可清除膜污染,清洗过程在图 3.5 中呈现为波动较大的趋势。一级反渗透压力峰值出现在 2015

年12月15日至2016年3月5日之间,压力运行区间为46.01～56.19 bar,其间垮膜压差增长较快,波动较大,化学清洗次数增加,运行压力峰值最高达到57.87 bar,经化学清洗后压力最低值为39.81 bar,脱盐率在压力峰值时达到最高值97.73%;通过描绘趋势线,该区间内一级反渗透正常运行压力为41～46 bar,实际压力峰值超出正常趋势约25%。

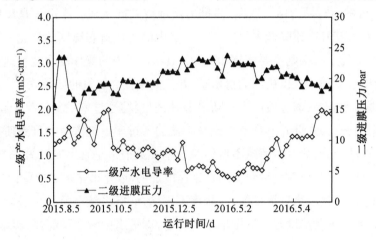

图3.5　一级产水电导率和二级进膜压力变化关系

一级反渗透产生的透过液排向二级的进水端,浓缩液排入浓缩液池。二级反渗透处理一级透过液,二级透过液进入清水池,浓缩液进入一级反渗透进水端循环处理。二级反渗透进水端污染物浓度相对大幅降低,但在相应期间运行压力也相对提升,压力运行区间为19.7～23.84 bar,期间脱盐率达到最高值89.39%,二级运行压力相比第一级变化较为平缓,这与第二级承受的膜污染负荷较低有关。与一级反渗透运行压力随原液电导率稳定上升不同,在冬季二级进水端压力与电导率变化趋势相反,一级产水电导率下降,二级运行压力有上升趋势。

3.1.7　低温对DTRO渗透压的影响

实验时间跨越秋季、冬季、春季,渗滤液温度随气候变化持续降低再升高,最低温度为9.7℃。填埋场渗滤液原液电导率与温度变化情况如图3.6所示。

渗滤液原液温度由24.2℃下降至9.7℃,电导率由16.4 mS/cm持续上升至31.63 mS/cm,这说明渗滤液电导率主要取决于原液中TDS浓度,填埋场区及调节池内渗滤液电导率增长不会受到温度的影响。

温度与一级、二级进膜压力变化关系如图3.7所示。

一级反渗透运行压力出现峰值时原液温度为12.6℃,压力运行区间为39.81～57.87 bar。在持续较高压力运行期后,原液温度逐步回升至13.7℃,一级反渗透运行压力从56.19 bar逐步下降,温度上升至18.2℃以上运行压力变化趋于平缓,期间没有进行化学清洗。温度为9.7℃时,二级反渗透运行压力逐步上升至最高值23.84 bar,随后运

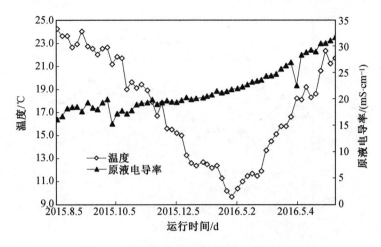

图 3.6　渗滤液原液电导率与温度变化关系

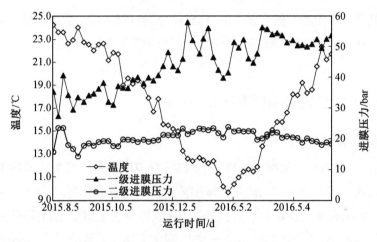

图 3.7　温度与一级、二级进膜压力变化关系

行压力即逐步缓慢下降;由观察可知,原液温度低于 14 ℃时,运行压力进入峰值区,这是因为随着温度的下降,水黏度逐渐上升,导致盐透过率降低,产水通量逐渐下降,从而影响系统的运行效率。这说明温度下降会提升液体黏度并降低盐分透过膜的扩散速度,是影响运行压力的重要因素。

3.1.8　运行压力对脱盐率的影响

实验期间一级 DTRO 脱盐率平均为 94.44%,二级 DTRO 脱盐率平均为 85.68%,脱盐率的变化趋势如图 3.8 所示。

膜组件的脱盐率与温度之间也存在相互影响。一级 DTRO 运行压力峰值区间脱盐率达到最高值 97.73%,相信是进水压力升高使得驱动反渗透的净压力升高,使得产水量加大,而盐透过量几乎不变,增加的产水量稀释了透过膜的盐分,脱盐率提高。当进水压力超过一定值时,回收率过高加大了浓差极化,又会导致盐透过量增加,抵消了增加的产水

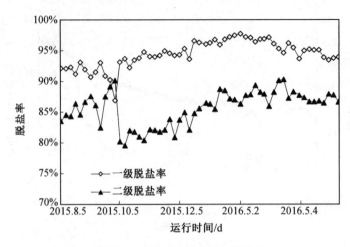

图 3.8 一级、二级 DTRO 脱盐率

量,使得脱盐率不再增加。随着温度的升高,盐分透过膜片的扩散速率随着温度的升高逐渐加快,逐步接近或大于水透过膜片的速率,使得膜片脱盐效率降低,出水电导率随之上升。

3.1.9 主要性能影响因素优化的讨论

1. 填埋场区渗滤液盐度控制

填埋场渗滤液电导率持续上升趋势不可逆,且 DTRO 系统产生的膜滤浓缩液采用回灌方式处理,进一步加快填埋场区单位体积渗滤液电导率的升高,从而直接影响到 DTRO 系统的运行压力;理论上在运行压力提升到 RO 膜组承受上限值后,DTRO 系统的产水率将持续下降。因此应选取合理的预处理方式,缓解 DTRO 系统的负荷,以确保系统稳定运行,将产水能力维持在合理区间,并使出水达标排放。

两级 DTRO 能耗随运行周期逐步升高、产水率逐步下降,浓缩液回灌导致填埋场区积蓄液电导率上升使得上述问题进一步加重,选取适宜的预处理工艺置于 DTRO 系统前端,可以降低填埋场区渗滤液电导率上升对 DTRO 系统产生的污染负荷,并有效控制能耗,维持稳定产水率。

2. 低温环境下 DTRO 系统的运行

温度对 DTRO 系统产水能力存在巨大影响,进水温度加 1 ℃,膜的透水能力增加约 2.7%。反渗透膜的进水温度底限为 5~8 ℃,此时的渗滤速率很慢。在本实验中,进水温度低于 14 ℃时,DTRO 系统运行效率持续下降,由于地处南方,冬季气温很少低于 0 ℃,在低温环境下渗滤液持续产生,处理系统仍然需要运行,无法完全关闭,应采用渗滤液加热技术,维持系统正常运转。

温度下降会导致膜片分离效能下降,进而影响到运行压力、能耗、脱盐率等性能参数,由此而导致渗滤液处理设施在冬季期间关停,无法连续运行,冬季雨雪天气会使渗滤液产生量增加,超出调节池容积则只能使用抽水设备连续回灌,导致填埋场运行成本大大增加。甚至会因回灌液量过大,导致填埋场坝体稳定性受到影响,危及填埋场运行安全。因此改善低温气候下 DTRO 系统的运行环境,确保渗滤液处理系统连续运行,对冬季填埋场正常运作至关重要。

3.2 DTRO 分离污染物性能分析

3.2.1 污染物分离性能实验装置与设备

DTRO 运行工况检测周期为 10 个月,选取运行较为稳定的 10 月、11 月,对渗滤液主要污染物指标 COD、BOD_5、TP、TN、NH_3-N、SS 进行检测,2 个月内共采集 14 组数据。在检测期间,DTRO 系统设置为运行压力升高一定比例即进行化学清洗,每组数据采样间隔约为 1 周,采样期间由于出现降水的影响,渗滤液原液各项污染物指标变化情况较大。采样完成后在实验室统一将进水、出水各项指标进行检测并对去除率进行分析。

该 DTRO 系统处理规模 100 t/d,装机功率 61.68 kW,运行功率 37.35 kW,设计产水率 75%,达标排放 75 t/d。DTRO 系统实验药剂主要有浓硫酸(H_2SO_4)、氢氧化钠(NaOH),分别用于原液和出水的酸碱度调节;以及酸性清洗剂、碱性清洗剂和阻垢剂,用于系统清洗。

实验对 7 项主要污染物浓度、5 项金属离子浓度以及运行压力、原液温度进行检测,检测方法见表 3.1。

表 3.1 检测项目与方法

检测项目	检测方法	所用仪器	药品
COD_{Cr}	重铬酸钾法	电炉、酸式滴定管、三角烧瓶、回流管等	硫酸—硫酸银、试亚铁灵指示液、重铬酸钾溶液、硫酸亚铁铵标准溶液
BOD_5	稀释接种法		接种液、盐酸、磷酸盐、七水硫酸镁、氯化钙、六水氯化铁、氢氧化钠、亚硫酸钠、葡萄糖–谷氨酸
TP	钼锑抗分光光度法	722N 可见分光光度计、YXQG02 型电热式蒸汽消毒器、比色管等	过硫酸钾溶液、10% 抗坏血酸溶液、钼酸盐溶液
TN	过硫酸钾氧化法——紫外分光光度法	UV 紫外光分光度计、YXQG02 型电热式蒸汽消毒器、比色管等	碱性过硫酸钾溶液、(1+9)盐酸

续表 3.1

检测项目	检测方法	所用仪器	药品
NH_4^+-N	纳氏试剂光度法	722N 可见分光光度计、比色管等	纳氏试剂、酒石酸钾钠溶液、25%氢氧化钠、硫酸锌溶液
pH	玻璃电极法	pH 计	
SS	重量法	电子天平	
电导率	电极法	DDS-11A 型电导率测定仪	
金属离子	原子吸收法	原子吸收光谱仪	
运行压力		压力表	
原液温度		电子温度计	

3.2.2 SS 削减能力分析

固体悬浮物(suspended solids,SS)是指原水中无机的和有机的颗粒物,颗粒直径约在 10 nm ~ 0.1 μm 之间的微粒,包括不溶于水中的无机物、有机物及泥沙、黏土、微生物等。水中 SS 含量高是造成水浑浊的主要原因,是衡量水污染程度的指标之一。SS 实际上也包括可沉降的固体颗粒物,液体中大量的悬浮物是微生物的隐蔽载体。水中的悬浮物和大部分细菌一般无法通过孔径 0.45 μm 以下的滤膜,因此通常把被 0.45 μm 孔径过滤器阻留的部分称为悬浮物,通过的部分则可以称为"溶解的"和"可溶的"。两级 DTRO 对 SS 去除效果如图 3.9 所示。

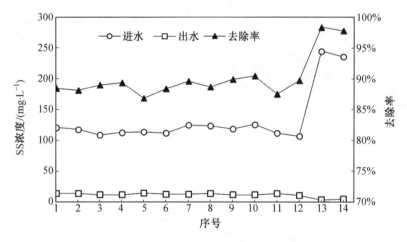

图 3.9 两级 DTRO 对 SS 去除效果

2 个月内渗滤液 SS 变化较为稳定,第 13、14 次采样前填埋场区连续出现大气降雨,自然降水使得 SS 陡然增加。第 1 ~ 12 次采样 SS 进水浓度为 109 ~ 125 mg/L,出水浓度为

$12\sim14$ mg/L,去除率平均值为 88.55% ,6 次排水 SS 值均达标;第 13 次采样 SS 达到最高值 245 mg/L,去除率也达到最高 98.38% 。由图 3.9 可知,进入 DTRO 系统渗滤液 SS 浓度有由降低到剧烈升高的一个过程,相信是由于渗滤液调节池未进行覆盖,第 12 次采样时调节池初期过雨后,雨水导致调节池水位升高,短期内池内固体悬浮物总量未发生变化,使得进入 DTRO 的渗滤液 SS 浓度在短时间内降低。填埋场区过雨面积更大,在稳定降雨一段时间后,雨水带入调节池大量场区覆土层细小泥沙,以及垃圾堆体底层的固液混合物流入渗滤液导排管,使得 SS 浓度快速持续升高。

SS 对 DTRO 系统运行存在影响,主要表现为砂滤池压降增加,芯式过滤器负荷升高,透过物增加,一级反渗透运行压力随之提升。第 13 次采样 SS 去除率达到最大值,是由于在 RO 膜分离能力不变的前提下,跨膜压差增加使得透水量增大,使得出水 SS 浓度降低,出水 SS 为最小值 3.96 mg/L。SS 对膜系统各项运行参数具有直接影响,SS 上升会导致预处理系统以及膜系统运行压力升高,压力过高会导致盐透过增加,降低去除率,并且膜污染负荷增加,清洗频率增加,膜片寿命缩短,运行经济性降低。因此 SS 过高时,应提高预处理系统的清洗频率,减少进入膜系统的悬浮污染物,将压降控制在合理范围,渗透压提升使透水量增加,主要污染物去除率随之升高。

3.2.3　COD、BOD_5、TP、TN 和 NH_3-N 的削减能力分析

化学需氧量(COD),将氧化单位水样中还原性物质所消耗的氧化剂,折算成单位水样全部被氧化后所需的 O_2 的量即为 COD。COD 浓度表征了渗滤液中受还原性物质污染的程度,是渗滤液中有机物相对含量的综合指标之一。第 $1\sim12$ 次采样渗滤液原液 COD 浓度为 $2\,330\sim2\,780$ mg/L,第 13 次采样原液 COD 浓度由于降雨降低为 $1\,000$ mg/L;两级 DTRO 对 COD 去除效果如图 3.10 所示,出水 COD 浓度为 $36\sim64$ mg/L,均达到填埋场污染物控制标准中 COD 低于 100 mg/L 的限值。这说明在原水水质发生剧烈变化的前提下,DTRO 系统能够有效去除 COD 并达标排放,且处理能力较为稳定,这与 RO 膜物理筛分能力有关。第 5 次采样 COD 去除率最高值达到 98.06%,第 13 次采样出水 COD 浓度达到最小值 36 mg/L,但由于进水 COD 浓度受降水影响降低为 $1\,000$ mg/L,远低于前 12 次采样,使得去除率下降,去除率为最低值 96.4% 。

生化需氧量(BOD_5),表示微生物代谢作用所消耗的溶解氧量,是间接表示水体被有机物污染程度的重要指标。微生物对有机物的降解最适宜的温度是 $15\sim30$ ℃,在测定生化需氧量时一般以 20 ℃作为测定的标准温度。对 BOD_5 去除效果如图 3.11 所示。由数据变化可知进水 BOD_5 浓度几乎没有受到降水的影响,采样浓度值为 $419\sim449$ mg/L,第 13 次采样达到最高值 449 mg/L,相信是由于降雨导致有机悬浮物增加,水解后使得可溶性有机物含量增多,最终使 BOD_5 略有升高。污染物控制标准中 BOD_5 排放限值为 30 mg/L,14 次采样实测出水浓度为 $11\sim15$ mg/L,去除率为 96.58%$\sim$97.33%,可以满

足达标排放。

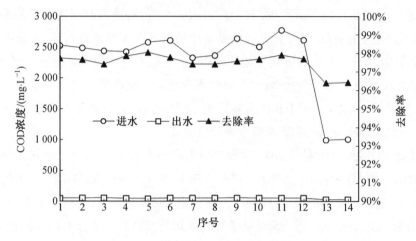

图 3.10　两级 DTRO 对 COD 去除效果

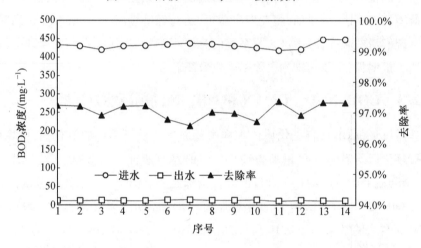

图 3.11　两级 DTRO 对 BOD_5 去除效果

　　总磷(TP),一般以元素磷、正磷酸盐、缩合磷酸盐、焦磷酸盐、偏磷酸盐和有机团结合的磷酸盐等形式存在,TP 的量是水样经消解后将各种形态的磷转变成正磷酸盐后测定的结果,以每升水样含磷毫克数计量。对 TP 去除效果如图 3.12 所示。降雨后 TP 浓度下降幅度较大,第 1 ~ 12 次采样浓度为 31.6 ~ 36.6 mg/L,第 13 次采样浓度为最低值 10.2 mg/L。污染物控制标准中 TP 排放限值为 3 mg/L,实测第 1 ~ 12 次出水 TP 浓度为 0.865 ~ 1.02 mg/L,去除率为 97.13% ~ 97.51%;第 13 次采样 TP 浓度为 0.005 mg/L,去除率达到最高值 99.95%。

　　总氮(TN),是溶液中无机氮和有机氮的总量,以多种形式存在,包括 NO^{3-}、NO^{2-} 和 NH^{4+} 等无机氮,以及蛋白质、氨基酸和有机胺等有机氮。氨氮(NH_3–N)主要以游离态氨 (NH_3)和铵离子(NH^{4+})两种形式存在,NH_3 的毒性比铵盐大几十倍,对水体污染危害较

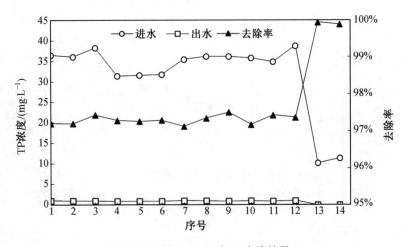

图 3.12 两级 DTRO 对 TP 去除效果

大。其毒性与 pH、水温存在关联,pH 偏碱性、水温越高,则 NH_3 的毒性越强。两级 DTRO 对 TN 去除效果如图 3.13 所示。第 1 ~ 12 次采样 TN 浓度为 300.2 ~ 312.6 mg/L,第 13 次为最低值 154 mg/L。第 1 ~ 12 次采样出水浓度为 19.9 ~ 25.6 mg/L,去除率为 91.63% ~ 93%;第 13 次为 5.03 mg/L,去除率达到最高值 96.73%。TN 排放限值为 40 mg/L,均达到排放标准。

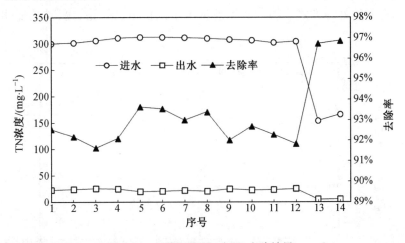

图 3.13 两级 DTRO 对 TN 去除效果

对 NH_3-N 去除效果如图 3.14 所示。NH_3-N 第 1 ~ 12 次采样浓度为 203.3 ~ 224.2 mg/L,第 13 次为最低值 110.4 mg/L。第 1 ~ 12 次采样出水浓度为 12.4 ~ 14.8 mg/L,去除率为 92.72% ~ 94.44%;第 13 次为 4.88 mg/L,去除率达到最高值 95.58%。NH_3-N 排放限值为 25 mg/L,出水达标。

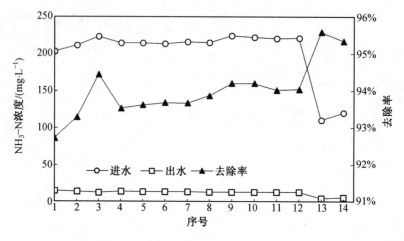

图 3.14　两级 DTRO 对 NH₃-N 去除效果

3.2.4　金属离子的去除

重金属离子是对人类健康危害最大的污染物,常规水处理方法无法将水中的金属离子完全消解。水体一旦存在金属离子污染,最佳处理方式是将其从原有存在位置转移出去,其次是转变离子物理化学状态。现阶段可以利用反渗透膜浓缩对金属离子进行截留,是较为快速有效的处理方式。渗滤液原液进水中六价铬、铅、铬、镉、砷的变化情况如图 3.15 所示。

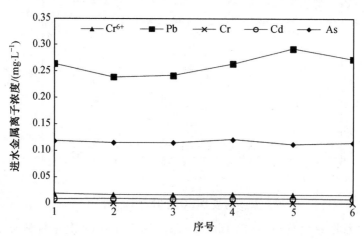

图 3.15　渗滤液金属离子削除

两级 DTRO 系统对金属离子出水浓度表见表 3.2。

表 3.2　两级 DTRO 系统对金属离子出水浓度表

项目	采样 1	采样 2	采样 3	采样 4	采样 5	采样 6
Cr^{6+}	<0.004	<0.004	<0.004	<0.004	<0.004	<0.004
Pb	<0.05	<0.05	<0.05	<0.05	<0.05	<0.05
Cr	<0.05	<0.05	<0.05	<0.05	<0.05	<0.05
Cd	<0.003	<0.003	<0.003	<0.003	<0.003	<0.003
As	<0.1	<0.1	<0.1	<0.1	<0.1	<0.1

渗滤液中金属离子的浓度与填埋场的工艺类型、垃圾组分和运行时间有关。以收纳城镇生活垃圾固体废弃物为主的填埋场,渗滤液中金属离子浓度远低于其他污染物,溶入渗滤液并被带出的金属量只占垃圾 0.5% ~6.5%,这表明微量重金属原本在垃圾堆体中所占比例较低。将垃圾场压覆后的垃圾与新鲜垃圾对比,可以发现填埋场垃圾重金属含量远高于新鲜垃圾,这说明压覆后的垃圾堆体对金属和重金属具有较强的吸附能力,普通生活垃圾填埋场中微量金属的溶出率很低。实验对象填埋场以生活垃圾为主,填埋场渗滤液中金属离子来源有限,且化学性质稳定,用 RO 膜片可以直接分离,浓度相对其他主要污染物变化较为平缓,经过两级 DTRO 去除后,均可以达到垃圾填埋场污染物控制指标相关要求。

3.2.5　pH 对污染物去除性能的影响

如图 3.16 所示,将观测到的 13 次水样中渗滤液原液和出水 pH,与 DTRO 对 COD 的去除率进行对比,可以发现三者存在正相关性,COD 去除率随进水端 pH 的下降而降低,可见 pH 是 RO 分离主要污染物中最重要的影响因素之一。

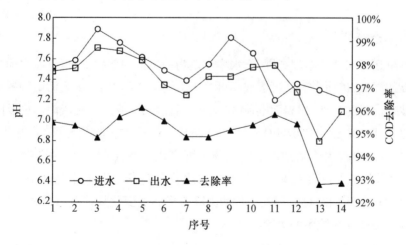

图 3.16　渗滤液 pH 变化与 COD 去除率关系

3.2.6 DTRO 分离性能实验结果的讨论

（1）通过对 2015 年 10 月、11 月 2 个月内采集的 14 组数据进行分析，渗滤液主要污染物指标 COD、BOD$_5$、TP、TN、NH$_3$-N、SS 在强烈日照、降水等气候影响下，原液水质发生巨大变化。在通过 DTRO 系统处理后，各项污染物控制指标均达到《生活垃圾填埋场污染控制标准》（GB 16889—2008）"表 2"限值，部分指标达到"表 3"特殊排放限值。这是由于主要污染物被 DTRO 分离为物化处理过程，不受可生化性影响，不受 C/N 比影响，可以适应填埋场污染物浓度变化大，冲击负荷高的渗滤液水质，出水水质稳定，总氮和重金属可直接达标。在运行过程中 DTRO 承压极限高，系统总净水回收率恒定维持在 71%（±1%），若产水率出现下降的情况，可持续提高运行压力，在压力位 20~50 bar 条件下单级回收率可维持在 80% 以上，使得系统在污染物增加的情况下，仍然具备能够持续运行的能力。

（2）降雨使渗滤液原液水质发生变化。可以观察得出，由于降雨将填埋场区内的大量泥沙、固体悬浮物带入调节池，SS 剧烈增加使得渗透压上升，去除率也随之上升；降水的稀释使得原液中 COD、TP、TN、NH$_3$-N 浓度降低，但渗透压的提高使得去除率相应提高；BOD$_5$ 由于降雨导致有机悬浮物增加，水解后使得可溶性有机物含量增多，变化相对较小。可以看出系统的运行压力，尤其是 RO 的渗透压对污染物的去除能力起到关键作用。

（3）除渗透压以外，渗滤液 pH 是在 DTRO 处理生活垃圾渗滤液中，对主要污染物去除效果影响的主要因素，调节原液 pH，可以获取更好的处理效果。

3.3 分离性能优化及机理

3.3.1 实验设计

假设系统运行在适宜温度范围，产水率设定为一定值的前提下，运行压力随进水水质变化而升高或降低，进而影响到可溶或不可溶于水污染物的去除，主要污染物的去除率存在无规律波动。膜的特性，如表面电荷、憎水性、粗糙度，对膜的有机吸附污染及阻塞有重大影响。由 DTRO 系统对 COD、BOD$_5$、TP、TN、NH$_3$-N、SS 的去除效果可知，当进水 pH 调节为一定时，处理过程主要受到进水污染物浓度变化影响，出水主要污染物去除效果稳定；对 pH 进行调整，则各项主要污染物指标去除效率会发生规律性变化，因此针对水质变化情况对 pH 进行优化，可以得到更优的去除效果。对变化规律进行分析，讨论分析各主要污染物在 DTRO 系统中的去除机理。

3.3.1.1 RO 膜分离的基本原理

从反渗透过程的传质机理及模型来说，主要有三种学说：

1. 溶解-扩散模型

溶解-扩散模型将反渗透活性表面皮层看作是一种致密的多孔膜,假设溶质和溶剂可以溶解在均匀的非多孔膜表面层,并且在化学势的驱动下可以通过膜扩散。溶解度的不同以及溶质和溶剂在膜相中扩散率的差异影响通过膜的能量。由于膜的选择性,气体或液体的混合物被分离。物质的渗透性不仅取决于扩散系数,还取决于物质在膜中的溶解度。

2. 优先吸附毛细孔流理论

液体中有表面吸附现象。当不同种类的物质溶解在液体中时,液体的表面张力将会不同。当水溶液与聚合物多孔膜接触时,如果膜的化学性质导致膜对溶质负吸附,对水是优先正吸附,则在膜与溶液之间的界面上形成具有一定厚度的纯水层。在外界压力作用下,纯净水将通过膜表面的毛细孔。

3. 氢键理论

由于氢键和范德华力在醋酸纤维素中的作用,在膜中有晶相和非晶相两部分区域。晶相区域为大分子在结晶相中结合并平行排列,非晶相区域为大分子在非晶相区完全无序,水和溶质不能进入晶相区。非晶相区在压力作用下,水分子溶液中的氧原子与醋酸纤维素的活化点——羰基上氧原子形成氢键,而原来的水分子形成氢键断裂,水分子解离后移动到下一个活化点并形成新的氢键,通过不断形成氢键并再断开,使水分子从膜表面致密活性层进入膜的多孔层中。由于多孔层含有大量的毛细水,水分子能够从膜中流出。

3.3.1.2　DTRO 主要分离现象的讨论

通过观察 DTRO 系统在渗滤液浓度、性状发生改变的前提下,对主要污染去除效率的变化,以及运行工况的调节,可以推断:

(1)渗滤液是一种高浓度有机废水,清水出水与料液、浓缩液三者之间浓度差可高达上万倍,膜具有选择性,浓度差与高压使得水分子发生反方向扩散,并且导流盘形成湍流使溶质溶液充分混合,促进了溶解这一过程。

(2)DTRO 系统运行中 RO 膜片初期即快速形成均匀、致密的污染层,说明即使在高流速带来的切向应力作用下,膜片表面对溶质仍具有很强的吸附作用。

(3)氢键和范德华力在醋酸纤维素中具有较强活化能力,在高压作用下氢键断裂,加速推进水分子穿透 RO 膜,这主要作用于膜片内部水分子的透过过程。因此,DTRO 分离高浓度有机废水主要依靠的是以下两种作用。

1. 浓度差造成的扩散作用

DTRO 采用醋酸纤维-聚酰胺复合膜片,料液进入筒体后随着 DT 导流盘形成的流道,增加了与膜片的接触面积与停留时间,在流经 RO 膜片时,溶液中有机物、胶体、大分子颗粒溶质在 RO 膜片外侧充分混合,部分可溶物质被进一步溶解。通过水体流动形成边界层,以及水分子、污染物水解后电荷相互之间的作用力,在膜的料液侧表面外吸附和溶解。在渗透压力、浓度梯度的作用下,溶质和溶剂分别以膜表面垂直方向为轴心扩散。

扩散作用机理参照菲克第一定律,即在任何浓度梯度驱动的扩散体系中,物质将沿其浓度场决定的负梯度方向进行扩散,其扩散流大小与浓度梯度成正比。可以简单概括为分离介质两侧浓度梯度越大,则介质的扩散通量越大。如式(3.1)所示,单位时间内扩散物质流量 J 与浓度梯度 $\partial C/\partial x$ 成正比,J 是指通过单位截面积方向垂直于扩散方向的扩散物质流量。

$$J = \frac{\mathrm{d}m}{A\mathrm{d}t} = -D\left(\frac{\partial C}{\partial s}\right) \qquad (3.1)$$

式中,D 为扩散系数($\mathrm{m^2/s}$),扩散系数表征了扩散系统或透过介质的特性;C 为介质两侧物质的体积浓度($\mathrm{kg/m^3}$);t 为扩散时间(s);s 为距离(m)。

在反渗透中扩散物质由高浓度区透向低浓度区,因此使用"−"号表示扩散方向为浓度梯度的反方向。

式(3.1)不涉及扩散系统及介质内部的各类原子、分子间相互作用力的微观过程,是对扩散现象的宏观表象描述,只适用于 J 和 C 不随时间 t 变化的稳态扩散(steady-state diffusion)。所谓稳态扩散是指扩散过程中扩散物质的浓度分布不随时间变化的扩散过程(图3.17)。稳态扩散也可以简单描述为系统内的扩散物质的浓度 C 不随时间 t 发生改变,只根据距离 s 的变化发生渐进式改变。菲克定律只适用于描述理想状态下 RO 膜的扩散体系。反渗透实际包括非稳态扩散,往往受到多个动态参数影响,分离过程要复杂得多。

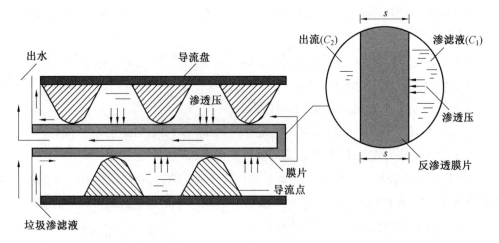

图 3.17　DTRO 稳态扩散示意图

非稳态扩散(nonsteady-state diffusion)是在扩散过程中,将时间 t 对浓度 C 分布变化产生的影响考虑在内,简单概括即为浓度分布随时间变化的扩散过程。可以利用菲克第二定律来进行推导,根据物质的平衡关系,可以建立第二扩散微分方程式。

$$\frac{\partial C}{\partial t} = \frac{\partial \left(\frac{\partial C}{\partial s} \right)}{\partial s} \tag{3.2}$$

在第二定律中,边界条件可分为在整个扩散中扩散物质在晶体表面的初始浓度保持不变,或者扩散物质以相对稳定的量由表面向内部扩散两种情况。在非稳态扩散过程中,在距离 s 处浓度随时间的变化率,是该位置扩散通量随距离变化率的负值。如果距离 s 改变对扩散系数 D 的影响不大,可将扩散系数近似看成常数,则该式可以写成

$$\frac{\partial C}{\partial t} = D \frac{\left(\frac{\partial^2 C}{\partial s} \right)}{\partial s} \tag{3.3}$$

渗滤液溶质、溶剂在扩散作用下,随着扩散距离和时间的改变,扩散物质流量发生实时变化,而稳态扩散的扩散通量则处处相等。不论是发生稳态或非稳态扩散,RO 膜片两侧料液与清水的高浓度差带来极高的浓度梯度,使得溶质和溶剂在各自化学位差的推动下,以分子扩散方式通过反渗透膜的活性层。液体透过速率取决于通过活性层的速率,最后溶质和溶剂在膜的透过液侧表面解析,由于膜的选择性,固、液混合物最终得以分离。按照溶解–扩散模型,物质的渗透能力,不仅取决于扩散系数,还决定于其在膜中的溶解度。溶质的扩散系数比水分子的扩散系数要小得多,因而透过膜的水分子数量就比通过扩散而透过去的溶质数量更多,使得分离效率进一步提高。

2. 不均匀液面表层吸附作用

由于溶质在液体中的不均匀分布,即溶液表面层中溶质的浓度不同于溶液内的浓度。例如,有机物质溶解在水中会降低表面张力,但溶入无机盐则使表面张力略有增加,表面层中溶质的浓度大于其在溶液本体内的浓度,即正吸附,反之为负吸附。发生正吸附或负吸附主要取决于溶质的类型,非表面活性物质可能会被正吸附,非表面活性物质则为负吸附在水中。这是溶液的表面吸附。当水溶液与多孔聚合物膜接触时,如果膜的化学性质导致溶剂被膜负吸附,并且水优先被正吸附,则膜将吸附一层纯水层形成膜与溶液之间的界面。在外部压力的作用下,水分子离开膜表面上的致密活性层并进入膜的多孔层。由于多孔层含有大量的毛细水,因此水分子可以平稳地流出膜,从而通过膜表面上的毛细孔获得纯水。

3.3.1.3　实验参数的选定

1. pH 取值

经过初期实验,进水 pH 调节至 pH=6,由于 RO 膜对原水中 CO_3^{2-}、HCO_3^- 等酸性离子的作用,进水在经过一级 DTRO 后,pH 即下降至 6 以下;进水 pH 过低,会导致出水酸性过高,影响排放效能;如式(3.4)中,水中游离态的 CO_2 发生向右的反应,产生大量 H^+ 使得

出水偏酸性,并且将 CO_3^{2-}、HCO_3^- 截留在浓液中。由于碳酸根是一种弱酸根,在水中电离后很容易和 H^+ 结合产生碳酸氢根离子和氢氧根离子,从而使浓液偏向碱性。

$$CO_2 + H_2O \leftrightarrows HCO_3^- + H^+ \leftrightarrows CO_3^{2-} + 2H^+ \tag{3.4}$$

若提高进水 pH 到 pH=8 以上,会加剧 RO 膜结垢现象,系统运行压力迅速升高,大大增加运行成本和清洗频率。且渗滤液原液构成复杂,污染物浓度过高,调节 pH 所需的药剂投加量较高,会降低系统运行经济性。因此,实验将进水 pH 取值控制在 6~7 之间,分别调节为 pH=6.5、pH=7、pH=7.5。

2. 采样时间节点

实际观测显示系统启动 30 min 后系统即达到稳定运行,出水各主要污染物去除基本达标,随着渗透压上升,污染物去除率随之进一步提高,运行至 30~60 min 脱盐率即趋于稳定,120 min 时主要污染物去除率逐步达到最高值。为保持清水得率,系统会自动提高运行压力。直至清洗前的数日内,去除率会随运行压力持续无规律地波动,盐透过率升高抵消了净推力上升增加的清水透过量,去除效率总体不再上升,将 pH=6.5、pH=7、pH=7.5三种取值情况下运行压力和某单一污染物去除率的变化趋势做对比,在运行时间 $t>120$ min 即可以取得较为清晰的对比结论。因此记录数据至 180 min 可满足实验分析的需要。分别在 DTRO 系统运行 30 min、60 min、90 min、120 min、150 min、180 min 时,对出水进行采样检测,绘图比较主要污染物在调整 pH 后去除效果变化规律。

3.3.2　pH 对一级 DTRO 运行压力的影响

如图 3.18 所示,一级 DTRO 运行压力随着运行时间的增加稳定上升,150 min 时,pH=7.5,压力峰值为 32.66 bar,pH=7、pH=6.5 时分别为 32.5 bar、32.36 bar,不同 pH

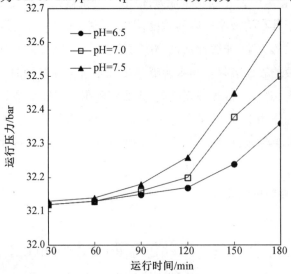

图 3.18　pH 对运行压力的影响

运行压力表现为 pH=6.5<pH=7<pH=7.5。渗滤液偏碱性容易导致 RO 膜片表面产生结垢现象,因此,pH 大于 7 运行压力上升速率会更快一些。运行压力的变化直接影响主要污染物的去除效果。

3.3.3　pH 对 COD、BOD、TP 分离性能的影响

如图 3.19～3.21 所示,COD、BOD_5、TP 去除率随运行时间增长持续上升,去除率表现为 pH=7.5>pH=7>pH=6.5。COD 去除率在 pH=7.5、180 min 达到最高值,最高值为 97.9%,pH=7、pH=6.5 在 180 min 时分别为 97.86%、97.7%。

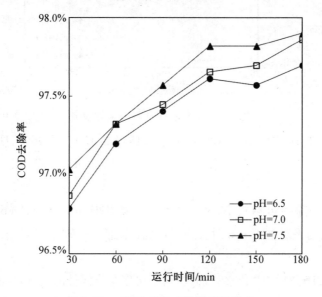

图 3.19　pH 对 COD 去除效果的影响

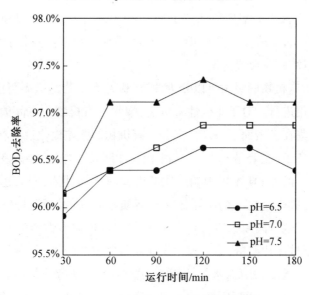

图 3.20　pH 对 BOD_5 去除效果的影响

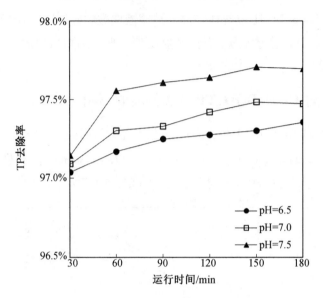

图 3.21 pH 对 TP 去除效果的影响

pH＝7.5 时,BOD_5 去除率在 120 min 即达到最高值为 97.36%,明显高于 pH＝7、pH＝6.5 时的 97.12% 和 96.88%,系统运行 120 min 后,BOD_5 去除率出现起伏,并呈现下降趋势。

pH 对 TP 的去除率影响较小,pH＝7.5 时去除率比 pH＝7、pH＝6.5 略高,并且在 60 min 后,变化较为平缓,150 min 时去除率达到最高值 97.7%,pH＝7、pH＝6.5 时最高值分别为 97.64%、97.39%。

渗滤液中 COD、BOD、TP 以多种形式存在,可以是悬浮性的、胶体性的或溶解性的,或以有机物、微生物为载体,反渗透能够有效截留大分子物质和微粒,渗滤液以一定的流速沿着 DT 流道流动,溶液中的溶剂和低分子物质、无机离子,从高压侧通过超滤膜进入低压侧,并作为滤液排出,而溶液中的 COD、BOD、TP 等污染物跟随高分子物质、胶体微粒及微生物等被截留,以浓缩液形式排出。

RO 膜片表面对有机物的吸附可以分为两类,极性有机物的吸附可能以氢键作用、色散力吸附和憎水作用进行。对于非极性有机物:憎水性有机物与水间的相互作用使这些扩散慢的有机物富集在膜表面上;其次,高分子有机物的浓差极化也有利于它们吸附在膜表面上;再次,水中离子(主要是 Ca^{2+})与有机物官能团相互作用,会改变这些有机物分子的憎水性和扩散性。溶液 pH 不仅影响溶质的电荷等表面性质,同时也影响膜表面的特性,从而影响溶质与膜表面之间的相互作用和溶质在膜面的沉积量及膜通量。RO 膜片表面电性吸附也能有效分离原水中的胶体和悬浮物。pH 偏酸性产生的 H^+ 透过 RO 膜排出,大量负电荷离子被膜片截留,使得膜片表面对带负电的胶体、大分子物质产生斥力,不利于膜片表面吸附。调高 pH 后,吸附性能随之发生改变,去除率提高。

膜片进行清洗后,由于 RO 膜片运行压力随运行时间提高,压力上升有利于 RO 膜对高分子物质、胶体微粒及微生物等的分离,去除效率随着运行时间上升。在运行 120 min 后,去除率普遍出现提升缓慢或下降的情况,相信是由于运行压力达到一定值后,造成极化浓差,压力过大使得盐透过率升高,去除率下降。另外,RO 膜片在吸附的初始时期,表面有大量的吸附点位可供吸附,快速的吸附能够形成表面区域的浓度差,加快负电荷颗粒物、胶体的扩散,并且空白区域有利于低分子物质、无机离子快速通过膜片排出。但随着运行时间的增长,可利用的吸附位置逐步减少,RO 膜片表面覆盖降低了通过性,去除率随之下降。

3.3.4　pH 对 TN、NH₃–N 分离性能的影响

TN、NH₃–N 去除率受到 pH 的影响则有所不同。TN 去除率接近,TN 去除率在 pH=7,120 min 时达到最高值93.36%,其次为 pH=7.5,150 min 时去除率93.33%,在达到最高值后,去除率均出现下降,这说明 pH 变化对 TN 去除的影响较为复杂(图 3.22)。

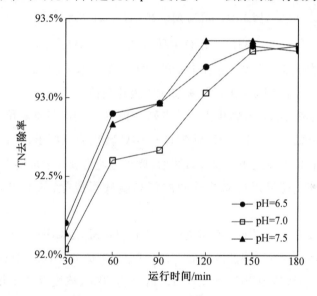

图 3.22　pH 对 TN 去除效果的影响

NH₃–N 的去除率变化,则表现为 pH=7.5<pH=7<pH=6.5,当 pH=6.5,180 min 时去除率达到最高值为94.77%,同为 180 min 时,pH=7、pH=7.5 去除率分别为94.49%、94.31%。NH₃–N 去除率在原液偏碱性的环境下,90 min 即达到最高值,随后呈现下降趋势(图 3.23)。

RO 膜对 TN、NH₃–N 的去除主要依靠物理截留,渗滤液中的 NH₃–N 含量很高,RO 膜对于游离态的氨截留率很低。渗滤液中 NH₃–N 的转换见式(3.5)和(3.6),渗滤液偏碱性使得 NH₃ 不易与硫酸形成盐,导致 NH₃–N 去除率降低。

$$NH_4^+ + OH^- = NH_3 \cdot H_2O \tag{3.5}$$

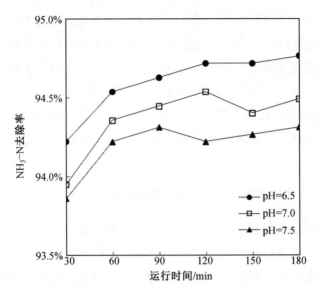

图 3.23　pH 对 NH_3-N 去除效果的影响

$$NH_3 \cdot H_2O + H^+ = NH_4^+ + H_2O \qquad (3.6)$$

这是由于 pH 较高时,液体中存在大量的 OH^- ,发生如式(3.2)的反应,离子态氨氮向游离态氨转化,产生的 $NH_3 \cdot H_2O$ 不易被 RO 膜片截留。溶液偏酸性时,液体中 H^+ 较多,如式(3.4)使得离子态氨氮转化为离子态氨,相较而言要容易被截留。

相信是由于酸性溶液产生的 H^+ 与 $NH_3 \cdot H_2O$ 转化为氨离子,并且 pH 降低产生的 H^+ 透过 RO 膜排出,负电荷离子被膜片截留后,离子键使得膜片表面对带正电荷的 NH_4^+ 产生吸附。将 pH 调低,还可以使渗滤液中的氨与硫酸形成盐,从而提高膜对氨氮的截留率。

TN 的去除主要是随渗滤液中有机物的分离而被截留,与 COD 去除相似,渗透压升高使得 RO 膜片分离能力提高;渗滤液偏碱性,则膜片对带负电荷有机物的斥力,使得 TN 去除效果随之升高。渗滤液中 NH_3-N 对于 TN 占比约 70%,浓度存在正相关性,溶液偏酸性使得大量游离态氨转化为离子态氨氮并形成盐,提高了 NH_3-N 的去除率,因此 TN 的去除率总体呈现随时间变化波动且总体趋势接近的情况。

3.3.5　pH 取值优化

根据 RO 膜分离机理,假设溶质和溶剂各自在浓度差或高压导致的化学势推动下以分子形态扩散通过膜,溶质和溶剂之间没有相互作用,并且两者都能溶于均质的非多孔膜表面内。由于溶质和溶剂的溶解度不同,以及两者在膜介质中的扩散性能,会对其在介质中的扩散通量产生影响。pH 发生变化,溶质和溶剂在膜的料液侧表面外吸附和溶解过程,以及溶质和溶剂在膜的透过液侧表面解吸过程都会产生改变。

另一方面,因为调整渗滤液 pH,在液体中产生大量带电性的离子,离子在膜片表面集聚,使得吸附能力发生改变。并且渗透压对 RO 膜片分离能力起决定性作用,通常渗滤液原液 pH 在 4 ~ 9 之间,pH>7.5 时,会加速结垢现象,渗透压增速升高,虽然主要污染物去除效果初期也得到提升,但渗透压达到临界点后,会因为浓差极化使得污染物去除效率不升反降。因此,在正常工况下,将溶液调整为弱酸性不仅能将系统净推力控制在合理区间,还能够维持稳定的污染物去除效率。DTRO 系统应依据出水水质情况,将进水 pH 控制在 6 ~ 7 范围内进行微调,NH_3-N 偏高时将 pH 适当调低,总体污染物分离不达标则先将 pH 调整趋近于 7。在 DTRO 运行中进行过程控制,微调 pH 能够获得较好的去除效果,并维持较好的运行经济性。

3.3.6　DTRO 污染物分离机理的讨论

在任何浓度梯度驱动的扩散体系中,物质将沿其浓度场决定的负梯度方向进行扩散,其扩散流大小与浓度梯度成正比。溶液在流经 RO 膜片时,溶液中有机物、胶体、大分子颗粒溶质在 RO 膜片外侧充分混合,部分可溶物质被进一步溶解。RO 膜片两侧料液与清水的高浓度差带来极高的浓度梯度,使得溶质和溶剂在各自化学位差的推动下,以分子扩散方式通过反渗透膜的活性层。由于膜的选择性,固、液混合物最终得以分离。按照溶解-扩散模型,物质的渗透能力,不仅取决于扩散系数,还决定于其在膜中的溶解度。溶质的扩散系数比水分子的扩散系数要小得多,因而透过膜的水分子数量就比通过扩散而透过去的溶质数量更多,使得分离效率进一步提高。由于溶质在液体中的不均匀分布,即溶液表面层中溶质的浓度不同于溶液内的浓度。发生正吸附或负吸附主要取决于溶质的类型,非表面活性物质可能会被正吸附,非表面活性物质则为负吸附在水中。这是溶液的表面吸附。当水溶液与多孔聚合物膜接触时,如果膜的化学性质导致溶剂被膜负吸附,并且水优先被正吸附,则膜将吸附一层纯水层形成膜与溶液之间的界面。在外部压力的作用下,水分子离开膜表面上的致密活性层并进入膜的多孔层。由于多孔层含有大量的毛细水,因此水分子可以平稳地流出膜,从而通过膜表面上的毛细孔获得纯水。

在 COD、BOD、TP 的去除方面,溶液偏酸性产生的 H^+ 透过 RO 膜排出,大量负电荷离子被膜片截留,使得膜片表面对带负电的胶体、大分子物质产生斥力,不利于膜片表面吸附。pH 调高后,吸附性能随之发生改变,去除率提高。RO 膜片在吸附的初始时期,表面有大量的吸附点位可供吸附,快速的吸附能够形成表面区域的浓度差,加快负电荷颗粒物、胶体的扩散,并且空白区域有利于低分子物质、无机离子快速通过膜片排出。但随着运行时间的增长,可利用的吸附位置逐步减少,RO 膜片表面覆盖降低了通过性,去除率随之下降。

与传统卷式膜在膜卷中难以形成规则流道不同,DTRO 的复合膜片通过规则的 DT 流道在膜柱内与污水完全接触,每组膜片都具备独立的、较大的接触面积,空白接触面积可以加快实现表层吸附。DTRO 中透过液只需通过单层膜片即进入清水管,再接入串联的下一级膜柱重复处理实现达标排放,规则并间隔布置的单层膜片可以较好地利用膜片内外两侧的浓度差,加快水分子的扩散。因此,DTRO 与卷式膜相比,表层吸附和浓度扩散作用对提高清水得率,增强分离性能产生更大的影响。

溶液偏碱性时,液体中存在大量的 OH^-,离子态氨氮向游离态氨转化,产生的 $NH_3 \cdot H_2O$ 不易被 RO 膜片截留。溶液偏酸性时,液体中 H^+ 较多,使得离子态氨氮转化为离子态氨,相较而言容易被截留。将 pH 调低,还可以使渗滤液中的氨与硫酸形成盐,从而提高膜对氨氮的截留率。TN 的去除主要是随渗滤液中有机物的分离而被截留,与 COD 去除相似,渗透压升高使得 RO 膜片分离能力提高;渗滤液偏碱性,则膜片对带负电荷有机物的斥力,使得 TN 去除效果随之升高。渗滤液中 TN 与 NH_3-N 的浓度存在正相关性,溶液偏酸性使得大量游离态氨转化为离子态氨氮并形成盐,提高了 NH_3-N 的去除率,因此 TN 的去除率总体呈现随时间变化波动且总体趋势接近的情况。可以看出 DTRO 分离氨氮主要是在离子键静电作用下 NH_4^+ 被吸附于膜表面,以及膜截留了与硫酸形成的铵盐,两者共同作用的结果。

3.4　本章小结

自 2015 年 8 月 5 日至 2016 年 5 月 15 日,平均每 5~7 天对 DTRO 系统采样一次,共计记录电导率、温度、一、二级运行压力等数据 57 组。通过对 DTRO 系统进行监测和实验,可以观察并总结得出 DTRO 系统处理生活垃圾渗滤液的主要影响因素及性能特性,在后面的几个章节中将对其逐一进行分析,并提出优化方案,进行实验论证,现先将主要影响因素及性能特征归纳如下:

1. RO 渗透压与原液盐度正相关

填埋场区渗滤液盐度随着填埋场运行时间的增加而出现盐度积存,生活垃圾填埋场经过 10 个月,填埋场堆体增加,渗滤液浓度组分日趋复杂,填埋场渗滤液原液 TDS 和电导率总体上升,填埋场垃圾渗滤液原液电导率由 16.14 mS/cm 上升至 31.63 mS/cm,过程中电导率变化存在波动,从趋势上看总体保持不可逆的持续上升。运行压力也随之持续升高,一级 DTRO 运行压力由 35.33 bar 上升至 53.7 bar。进水含盐量越高,渗透压越大,浓度差也就越大,盐分透过率上升,从而脱盐率降低。DTRO 系统产生的膜滤浓缩液采用回灌方式处理,进一步加快填埋场区单位体积渗滤液电导率的升高,直接影响到 DTRO 系统的运行压力,RO 膜组对运行压力有承压上限值,达到上限后运行压力无法再提升,则 DTRO 系统的净水回收率将持续下降。因此,需要对填埋场渗滤液进行进一步预处理,缓解和避免中、后期出现盐度过高导致系统无法正常运行的情况。

2. 环境温度对 RO 脱盐能力存在巨大影响

随着水温降低,水的黏度会升高。在相同的操作压力下,水温每升高或降低 1 ℃,产水量就会相应增加或减少。低温环境下,一级 DTRO 运行压力随电导率同步上升,运行过程中经过化学清洗可清除膜污染,清洗过程在图中呈现为波动较大的趋势。冬季一级 DTRO 进膜压力峰值区间为 39.81 ~ 57.87 bar,期间垮膜压差增长较快,波动较大,化学清洗次数增加;通过描绘趋势线,峰值区间一级 DTRO 运行压力峰值超出正常趋势约 25%。渗滤液原液电导率取决于 TDS,与温度关系不大;随着温度的下降,水黏度逐渐上升,导致 RO 膜盐透过率降低,产水通量逐渐下降,从而影响系统的运行效率。

温度对 DTRO 系统脱盐能力也产生影响,该 DTRO 系统当渗滤液原液温度低于 14 ℃ 时,运行压力进入峰值区。进水压力升高会使驱动反渗透的净压力升高,进而产水量加大,而盐透过量几乎不变,增加的产水量稀释了透过膜的盐分,脱盐率提高。一级 DTRO 运行压力峰值区间内,运行压力为 51.42 bar 时,脱盐率达到最高值 97.73%。脱盐率上升,但系统运行经济性大幅下降,在达标排放的前提下,应改善运行环境温度至适宜区间,确保 DTRO 系统在冬季低温气候下正常运行。

3. DTRO 系统持续运行压力提升的影响

运行压力是由渗透压力、净推动力的压降组成的。渗透压与原水中的含盐量和温度有关,与反渗透膜无关。净推动力是为了使膜元件产生足够的清水而需要的压力。为确保恒定的产水量和对污染物的去除效率,一级 DTRO 运行压力为 35.33 ~ 53.7 bar,期间峰值最高达到 57.87 bar。DTRO 系统的操作压力高于普通反渗透,较高的压力有利于截留氨氮。当系统进水的压力高于一定数值时,高回收率将会加快膜的污染速度,加大浓差极化,导致盐的透过率成倍上升,抵消了增产的清水量,脱盐率不再增加,且清洗愈加频繁。随着温度的升高,盐分透过膜片的扩散速率随着温度的升高逐渐加快,逐步接近或大于水透过膜片的速率,使得膜片脱盐效率降低,出水电导率随之上升。除 pH、进水盐度、温度、渗透压以外,DTRO 性能在运行过程中还受到膜污染、浓差极化等因素的影响,这些因素会降低 DTRO 系统对主要污染物的去除效率,并使得 DTRO 运行能耗增加,甚至严重影响膜片使用寿命,大大提高系统使用成本。

4. pH 对污染物分离性能的影响

通常渗滤液原液 pH 在 4 ~ 9 之间,且随垃圾组分、化学性状实时产生巨大变化。pH 偏高,会加速结垢现象,渗透压增速升高,虽然主要污染物去除效果初期也得到提升,但渗透压达到临界点后,会因为浓差极化使得污染物去除效率不升反降。因此,在正常工况下,将溶液调整为弱酸性不仅能将系统净推力控制在合理区间,还能够维持稳定的污染物去除效率。DTRO 系统应将进水 pH 控制在 pH=6 ~ 7 范围内,能够获得较好的去除效果,并维持较好的运行经济性。

5. DTRO 处理垃圾渗滤液达标稳定性

渗滤液主要污染物指标 COD、BOD_5、TP、TN、NH_3-N、SS 在经历日照和大气降雨等气候影响下,通过对 2015 年 10 月~11 月 2 个月内采集的 14 组数据进行分析,各项污染物控制指标均达到《生活垃圾填埋场污染控制标准》(GB 16889—2008)"表 2"限值,部分指标达到"表 3"特殊排放限值。DTRO 系统为物化处理过程,可以适应填埋场污染物浓度变化大,冲击负荷高的渗滤液水质,不受可生化性影响,出水水质稳定,不受 C/N 比影响,总氮和重金属可直接达标,远低于排放限值,完全满足新标准要求;在运行过程中 DTRO 承压极限高,系统总净水回收率恒定维持在 71%(±1%),若产水率出现下降的情况,可持续提高运行压力,在压力位 20~50 bar 条件下单级回收率可维持在 80% 以上,压力达 150 bar时回收率甚至可以达到 90%;抗污染冲击负荷能力强,两级 DTRO 可以不依赖于预处理工艺,实现达标排放,可以处理各类含胶体及悬浮物较多的高浓度有机废水。

第4章 场区渗滤液盐度积存的减量化

4.1 浓缩液回灌的影响

4.1.1 浓缩液回灌后盐度变化规律

生活垃圾填埋场可以近似看作是一个反应器,沿堆体垂直纵深分为三个部分:一是堆体上部的好氧层,二是底部的厌氧层,以及两者中间过渡的兼氧层。通过覆土压实,氧在垃圾堆体中竖向扩散距离受到控制。研究表明,在堆体中好氧层和兼氧层所占比重较小,以下部厌氧层为主,厌氧型填埋场的氧气竖向上一般仅透至 0.58 m。因此填埋库区运行初期渗滤液处置可以采取回灌喷洒的方式进行处理,利用喷洒分散,扩大喷淋面积,使得液体更容易蒸发。回喷后浓缩液透过垃圾堆体表层覆土进入好氧层,并逐步与堆体充分混合,在不同区域分别发生好氧、厌氧反应,部分污染物得以消解。缺点是污染物总量消减慢,填埋库区污染元素逐步积存,进一步提高渗滤液污染物浓度。填埋场渗滤液电导率变化如图4.1所示,呈现总体上持续上升,经过165 d,场区电导率由17.24 mS/cm上升至26.94 mS/cm,堆体自身生化反应很难让盐度下降。

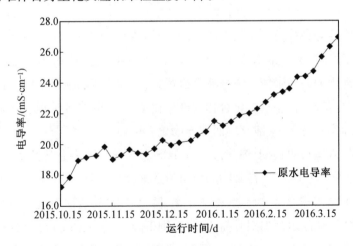

图4.1 填埋库区盐度堆积增长

实践证明渗滤液的回喷回灌有利于垃圾体矿物化和稳定化,在降雨量小于蒸发量的地区,是行之有效的渗滤液处理方法,填埋场运行初期可以对堆体进行回灌。但是在气候温和地区,因为自然蒸发量不足,并且与大气降雨、生物活动消耗和垃圾自身产水与回灌量之间不平衡,回喷回灌会使得垃圾层中的水量增加得更快,含水率过高会导致填埋堆体稳定性受到影响,严重地将危及库区坝体的安全。

4.1.2 浓缩液污染负荷

DTRO系统净水回收率为71%,浓缩液污染负荷见表4.1。

表4.1 浓缩液污染负荷

项目	进水	出水	浓缩液	单位
pH	7.52	6.8	6.8~7.2	—
SS	121	<4	417	mg/L
TP	36.5	0.005	126	mg/L
COD	2.53×10^3	36	8.73×10^3	mg/L
NH_3-N	203.3	4.876	701	mg/L
BOD_5	434	12	1497	mg/L
TN	300.2	5.03	1035	mg/L
Cr^{6+}	0.018	<0.004	0.06	mg/L
Pb	0.264	<0.05	0.91	mg/L
Cr	<0.05	<0.05	0.02	mg/L
Cd	0.008	<0.003	0.03	mg/L
As	0.118	<0.1	0.41	mg/L
电导率	2.4×10^4	60	4.04×10^4	μS/cm

若采用反渗透等高精度方法处理渗滤液,则仍然有25%~30%的浓缩液需要最终无害化处置,渗滤液浓缩液污染物浓度远高于渗滤液本身,是完成物化浓缩后,渗滤液中大部分污染物分离出的高集聚体。浓缩液有机污染物浓度极高,无机盐组分含量高,可生化性差,金属离子含量高,含有有机化合物和部分化工副产物,单独处理成本高,基本没有回用的经济价值和实际意义,一般直接回填或固化后填埋。

在填埋场投入运行的初期,渗滤液原液TDS和电导率逐步上升且表现为不可逆。中晚期后,堆体为覆土逐步夯实,污染物的析出量逐渐稳定,但浓度增加。采用浓缩液回灌,会进一步提高单位体积堆体中渗滤液电导率,降低渗滤液处理系统、RO膜组的运行效能。两级DTRO能耗随运行周期升高、产水率则下降,浓缩液回灌导致填埋场区积蓄液电导率上升使得上述问题进一步加重,为缓解DTRO系统的负荷,确保系统稳定运行,将产水能力维持在合理区间,并使出水达标排放。应考虑选取适宜的预处理工艺置于DTRO系统前端,降低填埋场区渗滤液电导率上升对DTRO系统产生的负荷,有效控制能耗,维持稳定的产水效率。

4.2　预处理工艺比选

Fenton 氧化、UASB 反应器及物理沉淀都是前一阶段应用较为广泛的渗滤液处理工艺。由于新的排放标准对主要污染物尤其是 COD 的排放限值提升较大，无法满足达标排放的要求。但可以作为预处理工艺，置于 DTRO 膜组的前端，现就 Fenton 氧化、UASB 反应器及物理沉淀三种工艺的适用性分别进行讨论。

4.2.1　Fenton 氧化机理及作用

Fenton 氧化法是通过电子转移等手段将有机物氧化分解，并且 Fe^{2+} 被氧化成 Fe^{3+} 产生混凝沉淀，实现对有机物的去除。原理如图 4.2 所示，在 Fe^{2+} 的催化作用 H_2O_2 下分解产生羟基自由基·OH，有机物氧化因此分解成小分子，并产生大量沉淀，从溶液中带走有机物。

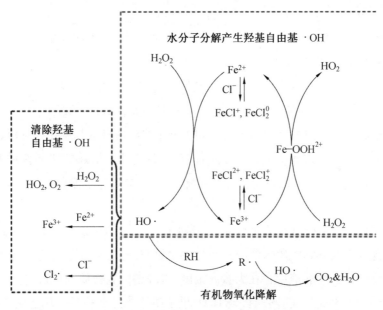

图 4.2　酸性条件下 Fenton 氧化示意图

1. 氧化分解

Fenton 氧化过程是亚铁离子被氧化铁离子，水分子分解产生羟基自由基·OH 和氢氧根离子；铁离子与过氧化氢的标准氧化还原电位，使其再生成亚铁离子的链式反应，如

$$Fe^{2+}+H_2O \rightarrow Fe^{3+}+\cdot OH+OH^- \rightarrow Fe_3(OH)_3 \tag{4.1}$$

$$Fe^{3+}+H_2O_2 \rightarrow Fe^{2+}+H^++\cdot O_2H \tag{4.2}$$

Fenton 氧化能够让 Fe^{2+} 与 H_2O_2 发生链式反应，并催化产生自由基—OH，—OH 具备强氧化能力，在化学元素中只有氟的氧化能力比·OH 略高。—OH 氧化反应速度非常

快,属于游离基反应。—OH 对污染物的氧化主要是自由基—OH 从反应物中夺取一个氢,形成新的自由基,然后继续引发新的自由基链反应,见式(4.3)。将受污染水体中的污染物降解为 CO_2、水和其他矿物盐,在一定反应条件下污染物可以被完全无机化。

$$RH + \cdot OH \rightarrow H_2O + \cdot R \rightarrow 氧化 \tag{4.3}$$

无机物和有机物都会因羟基自由基·OH 发生电子转移反应,如式(4.4)、(4.5)所示,—OH 从其他自由基上得到一个电子变成 OH^-。若两个—OH 产生反应并结合则会使自由基猝灭,则在式(4.6)重新反应生成过氧化氢。

$$\cdot OH + RH \rightarrow \cdot RH^+ + OH^- \tag{4.4}$$

$$\cdot OH + O^{2-} \rightarrow OH^- + O_2 \tag{4.5}$$

$$\cdot OH + \cdot OH \rightarrow H_2O_2 \tag{4.6}$$

羟基自由基·OH 与芳香烃等不饱和烃反应则是直接加成反应。

$$\cdot OH + PHX \rightarrow \cdot HOPHX \tag{4.7}$$

2. 混凝吸附

Fenton 试剂中三价铁离子的络合物可以起到混凝吸附的作用,并通过共沉淀对有机物进行去除。反应过程见式(4.8)、(4.9):

$$\left[Fe(H_2O)_6 \right]^{3+} + H_2O \rightarrow \left[Fe(H_2O)_5OH \right]^{2+} + H_3O^+ \tag{4.8}$$

$$\left[Fe(H_2O)_5OH \right]^{2+} + H_2O \rightarrow \left[Fe(H_2O)_4(OH)_2 \right]^+ + H_3O^+ \tag{4.9}$$

研究表明,若 COD 总去除率为 70%,其中 14% 被羟基自由基氧化分解而其余 56% 是由于化学混凝沉淀作用得到去除;这说明 H_2O_2 和 Fe^{2+} 具有很强的协同作用效果,在 pH 增加时 Fe^{3+} 有可能形成 $Fe(OH)_3$ 沉淀,并伴随产生一定量的淤泥,需要在工艺流程中设置分离设备。

Fenton 氧化剂与催化试剂购买容易、价格便宜,具有适用范围广、反应稳定、操作简单等优点。因此在高浓度有机废水的处理领域中得到广泛关注,例如用于印染废水和垃圾渗滤液的深度处理。渗滤液中存在大量高浓度、难降解的腐殖质,有机物含量过高增加了垃圾渗滤液的处理难度。实验表明,当 H_2O_2 和亚铁盐的投加药量比例达到 3 时,COD 去除率随着 H_2O_2 投加量的增加而增加。若 H_2O_2 投加量超过 0.1 mol/L,COD 去除率即可达 70%,这说明 Fenton 氧化处理垃圾渗滤液非常有效。并且 Fenton 氧化能够让含有取代基的有机化合物氧化分解,转化为小分子有机物或无机物,Fe^{2+} 具有与混凝剂协同作用,能够有效去除含有苯环、羟基、羧基、—SO_3H 和—NO_2 等难降解有毒有害物质的有机物。Fenton 氧化存在的问题是若采用生化方法处理垃圾渗滤液,氧化过程会产生毒性较强的中间产物,导致后期生化处理中渗滤液的驯化时间延长,因此采用物理处理方式与 Fenton 氧化组合更为妥当。此外,若 Fenton 氧化平均氧化态提高,会大幅增加渗滤液中 COD 的削减量,但 TOC 的去除能力出现下降。

4.2.2 UASB 反应器运行机理及构成

升流式厌氧污泥床反应器(UASB)在 20 世纪 70 年代即开发成功并得到广泛应用,UASB 尤其适合处理高浓度有机废水,与传统厌氧过滤器和厌氧流化床相比,处理效率更高,对污染负荷承受能力强,可以用于渗滤液处理。UASB 反应器示意图如图 4.3 所示。

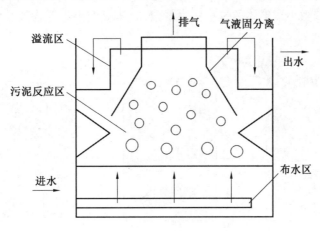

图 4.3 UASB 反应器示意图

UASB 反应器从功能上可以分为进配水系统、反应器池体和三相分离器,从结构上由上至下可以分为上层分离溢流区、中层反应区以及底层布水区。污水首先流入 UASB 底部,反应区底部为布水区,由布水管和喷嘴组成,废水多点射流进入并在各布水点形成局部的纵向环流,废水通过水力搅拌均匀分配到反应器,使进污泥与污水中有机物完全接触。中层反应区填充厌氧污泥,具有游离的单个菌体、聚集成微小絮体的菌群以及聚集成较大粒径的颗粒菌群,污泥中厌氧微生物具有极高的活性,可以有效吸附和降解有机物。反应区可以按照污泥的形态分为上部的沉淀层以及下部的反应层。沉淀层污泥浓度较低,以絮体污泥和游离污泥为主,具有防止污泥流失的作用,约占整个反应区体积的70%,该区域污泥吸附和降解能力不强,只有少部分有机物被消解。反应层污泥中主要是高生物活性厌氧微生物,感官上大量絮状污泥和颗粒污泥聚集在一起,污泥浓度较高,反应层体积较小,颗粒污泥具有良好的沉降性能,有机物主要在该区域内实现降解,反应层的降解速率决定了整个反应器的运行效率。在厌氧菌对有机物的降解过程中会产生 CH_4,CH_4 聚集后形成气泡并上升,进一步使废水中的有机物与污泥充分混合。三相分离器包括分离器和出水系统,可以分离固、气、液三相,甲烷分离到集气室后,污泥在沉淀后通过回流缝回流到反应区,清水最终由水槽溢流出。

近年来随着对厌氧污泥颗粒研究的进一步深入,UASB 反应器的设计与操作,以及三相分离器的工作效率都得到改进和完善。据统计,UASB 反应器被广泛应用在多种有机工业废水的处理中,国内外厌氧工艺项目中有 60% 应用了 UASB 反应器,并且获得较好的处理效果。在渗滤液处理方面,为满足新的污染控制标准的需要,UASB 反应器通常结合好氧工艺、MBR 或接入膜处理技术,进一步提高对污染物的去除能力。

4.2.3 混凝机理及作用

混凝是凝聚和絮凝的统称,在水处理中是一种经济实用的物理化学方法。其中,形成不稳定胶体脱稳和微小聚集体的过程称为凝聚,胶体或微小悬浮物失稳形成大絮体的过程称为絮凝。

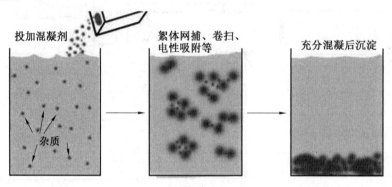

图 4.4　混凝沉淀示意图

对于传统的铝盐和铁盐,其去除机理是让溶液中溶质固体相互碰撞,水解后的产物通过脱稳、吸附架桥或网捕、卷扫等作用产生絮凝,颗粒物质在水中电中和形成大颗粒的粗絮凝物,粗絮凝物沉降后过滤去除。其原理是不论存在电性吸引或其他非电性特性,一部分反离子因相互吸引和表面紧密结合,构成吸附层;其余离子则扩散地分布在溶液中,形成扩散层。向溶液中添加电解质,溶液中离子的浓度随之升高,会使得离子间扩散层的厚度减小,则两个颗粒相互靠近时,由于双电层的扩散层形成的 ζ 电位降低,使得排斥力迅速下降,颗粒因此附聚。吸附中和了部分电荷并减少了静电排斥,让其他颗粒更容易集聚,使得离子对带电性相反的胶粒表面产生强烈吸附。

混凝可以简单有效地降低废水浊度和色度,并一定程度上去除多种高分子物质或无机物质,以及金属有毒物质、氮、磷等导致富营养化物质等,与其他深度处理匹配并进行高精度过滤,可以用于垃圾渗滤液的预处理。

4.2.4 对比结论

由于垃圾渗滤液水质、水量变化大,成分复杂,有机物和氨氮浓度高,微生物营养元素比例失调、污染物冲击负荷高。在实际运用中 UASB 反应器土建、设备投资成本较高,生物、生化方法处理均存在工艺生物段难以维持稳定处理效能,运行精细化管理要求高等问题,混凝和 Fenton 氧化只需要根据水质变化,调整投加量,即可取得相对稳定的处理效果。在缺乏专业人员、管理能力相对落后的中小型生活垃圾填埋场,预处理采用物化处理方式较为妥当。

利用混凝对 SS 较高的去除能力,以及共沉淀作用使得水体中其他污染物得到分离的特点,结合 Fenton 氧化对 COD 及其他污染物的削减能力,并且混凝产生的铁离子与 Fenton 氧化存在协同作用,考虑采用混凝 + Fenton 工艺作为预处理用于降低膜系统污染负荷,并缓解浓缩液回灌后导致的电导率上升对膜系统产水率下降的影响。

4.3　预处理实验方法与结果分析

4.3.1　预处理实验方法

1. 混凝实验

本实验选取聚合硫酸铁(PFS)、聚合氯化铝(PAC)、聚合氯化铝铁(PAFC)为混凝剂进行比选,混凝优化采用烧杯实验,取 200 mL 渗滤液放入 300 mL 烧杯中,共设置 6 个实验样本,用 H_2SO_4 和 NaOH 调节 pH,pH 定为 6.5,搅拌过程中投加絮凝剂,调节 pH 后投加适量混凝剂于六联搅拌器上,然后以 300 r/min 剧烈混凝 2 min,100 r/min 搅拌20 min,静置 30 min,抽取上清液进行水质检测分析。并对混凝剂投量、混凝时间进行优化实验。

2. Fenton 实验

在 200 mL 烧杯中放入 100 mL 经混凝沉淀处理后的渗滤液,调节 pH 后加入 Fenton 试剂,在六联搅拌器上以 300 r/min 和 100 r/min 分别搅拌 1 min 和 60 min,并调整 pH,静置 30 min 后,取上清液检测其中 COD 浓度。

3. 混凝+Fenton+单级 DTRO 实验

选取 50 L 桶 2 只,由渗滤液调节池分别抽取 50 L 垃圾渗滤液,按照优化实验确定的实验参数。调节 pH 值后接入单级 DTRO 系统,对出水进行检测。

4. 主要实验设备、实验试剂

主要的实验装置为 6511 型电动搅拌机、SC766 型实验搅拌器等。

试剂主要为:H_2O_2(30%)、聚合硫酸铁(PFS)、聚合氯化铝(PAC)、聚合氯化铝铁(PAFC)、七水硫酸亚铁、浓硫酸、氢氧化钠、蒸馏水等。

5. 渗滤液水质

实验用渗滤液原液水质见表 4.2。

表 4.2　渗滤液原液水质

项目	pH	SS	TP	COD	NH_3-N	BOD_5	TN
浓度/($mg \cdot L^{-1}$)	7.4	118	33.2	2.23×10^3	196.7	440	292.3

6. 工艺路线

工艺路线如图 4.5 所示,由原水罐(leachate storage tank)、芬顿氧化塔(fenton oxidation tower)、砂滤器(sand filter)、芯滤器(precision filter)、DTRO、清水罐(clean water tank)、RO 膜片(RO membrane)、空压机(air compressor)、泵(pump)等组成,混凝剂(coagulate agent)直接投入原水罐进行混凝排泥。浓硫酸(H_2SO_4)、氢氧化钠(NaOH)分别用于原液和出水的酸碱度调节;酸性清洗剂、碱性清洗剂和阻垢剂(scale inhibitor)用于系统清洗。

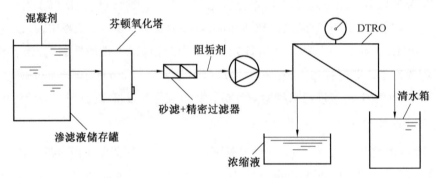

图 4.5　混凝 + Fenton + DTRO 小试工艺路线图

4.3.2　实验结果分析

将混凝 + Fenton 预处理后的渗滤液接入单级 DTRO 小试剂,按照单级回收率 90%,分别进行化学清洗后,进行两组检测:

(1)直接接入渗滤液原液,对运行压力按阶段进行读数。

(2)加入预处理,将混凝 + Fenton 后的渗滤液置于砂滤器前端,然后通过 DTRO 进行处理,对运行压力按阶段进行读数。

按照实验优化结果,混凝过程混凝剂 PFS 投加量为 1.2 g/L,混凝 20 min 后静置沉淀 30 min;Fenton 氧化 pH 为 4, H_2O_2 投加量为 8 mL/L,$nH_2O_2 \cdot nFe^{2+}$ 为 1.5,氧化反应时间为 1 h,接入 DTRO 后。系统运行压力对比表见表 4.3,对比图如图 4.6 所示。

表 4.3　系统运行压力对比表

电导率 /(mS·cm⁻¹)	水温 /℃	压力/bar						压力平均值/bar
		1	2	3	4	5	6	
原液　18.62	22.80	31.72	31.82	31.52	31.57	31.66	32.07	31.73
预处理后　9.68	22.80	27.43	27.96	28.41	28.32	29.44	29.52	28.51

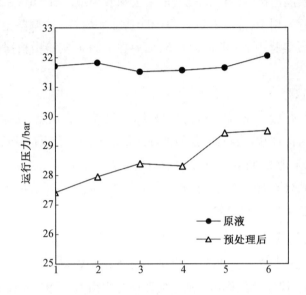

图 4.6　系统运行压力对比图

　　由实验结果可知,在设定相同回收率的前提下,采用混凝 + Fenton 预处理后的渗滤液,电导率由 18.62 mS/cm 下降至 9.68 mS/cm。未经预处理的渗滤液通过 DTRO,运行压力平均值为 31.73 bar,预处理后,运行压力平均值为 28.51 bar,下降了约 3.2 bar。膜片使用寿命与反冲洗频率以及运行压力有关,系统加入预处理工艺可以降低 RO 膜片的污染负荷,提高 DTRO 系统运行性能并进一步延长 RO 膜片使用寿命。第 5、6 次压力读数出现升高,相信是由于积存在渗滤液储存桶下部的沉淀和絮体被抽入砂滤器和保安过滤器后,大颗粒被截留,絮体则被打碎,小于 10 的细小颗粒物大量进入 DTRO 系统,导致运行压力升高。

4.4　预处理工艺的优化

1. 混凝实验

　　传统的铁盐、铝盐投加入溶液后,反应速度非常快,水解过程过快导致絮凝物体状态并不稳定。无机高分子絮凝剂所形成的产物具有在一定阶段内水解较为稳定的优势,絮体沉降去除效率更高。混凝剂投量越大,絮凝沉淀时间越长,则 SS 去除率越高。COD 可以作为主要污染物浓度的衡量指标,从经济性上考虑,当去除率上升相对平稳后,选取投加量最小值作为最佳投量。因此,预处理优化实验通过对 SS 的去除效果来选择絮凝剂,在此基础上对 COD 的去除率进行考察,进一步优化混凝剂投量和混凝时间。

(1)pH 的确定。

参考过去实践经验,pH 在 6 ~ 7 之间混凝去除效果最好,DTRO 系统在 pH 低于 7 时不易结垢,一般工程运用中,渗滤液进入 DTRO 系统前均将 pH 调整至 6.5 左右;为确保预处理经济性,混凝实验中 pH 即定为 6.5,而后在 Fenton 实验中根据需求再对 pH 进行调整。

(2)絮凝剂的选择。

铝盐单独作为絮凝剂存在着沉降速度慢,除色效果差等缺点,铁盐具备沉降速度快,除浊效果好等优点,但铁盐本身具有强腐蚀性。水溶液的聚合反应研究表明,三价铁离子表现出非常强的水解能力,配位水分子由于转化失去质子成为结构性羟基,形成多种可能的单体,然后快速聚合形成低聚物或晶核,进一步聚合成高分子。因此,选取聚合硫酸铁(PFS)、聚合氯化铝(PAC)、聚合氯化铝铁(PAFC)进行比选。

2. Fenton 氧化实验

羟基自由基·OH 的产生速率和产生量都会直接影响氧化反应过程及结果,对整个 Fenton 反应过程有着决定性的作用。通过实验研究自由基·OH 在 Fenton 氧化过程生成的动力学规律,可以得到以下结论:溶液中 H_2O_2 浓度、$FeSO_4$ 浓度、pH 均会影响到羟基自由基·OH 的产生量,这三项的投加量决定了 Fenton 反应的氧化分解效率。对于日常处理中不同的污水,应根据实际污染物组分情况,实时进行实验确定 H_2O_2 浓度、$FeSO_4$ 浓度、pH 和 H_2O_2 与 Fe^{2+} 投加摩尔比,确保 Fenton 试剂性能达到最佳,并尽可能确定适宜区间内的投量最小值,提高工艺经济性。

经过 PFS 混凝处理后,渗滤液上清液 COD 下降为 1.19 g/L。分别调整 pH、H_2O_2 投加量、氧化反应时间以及 $nH_2O_2 \cdot nFe^{2+}$ 摩尔浓度比,逐一进行优化实验,获取最佳参数。

4.4.1 絮凝剂的选择

无机高分子复合絮凝剂与低分子絮凝剂相比,处理效率明显要更好。从无机高分子复合絮凝剂的制备来看,一是在聚合铁生成过程中,利用阴离子部分改变聚合物的分布和形态结构,制备性状较为理想的高分子铁絮凝剂;二是通过铁离子的协同聚合原理,将无机或有机的某些化合物,复合成高效絮凝剂。但从形态、附聚程度来看,无机高分子絮凝剂与有机絮凝剂相比,其相对分子质量和粒径要小,絮凝和吸附架桥能力相对要差,无机高分子絮凝剂的絮凝效果在传统金属盐絮凝剂和有机絮凝剂之间。此外,还存在铁离子由于热力学性质非常不稳定,在水溶液中的溶解度较小,呈现性状不稳定或转化为晶体沉淀的问题。实验对比聚合硫酸铁(PFS)、聚合氯化铝(PAC)、聚合氯化铝铁(PAFC)对悬浮物的去除效果,投量为 0.2 ~ 1.2 g/L;其中,PFS：Fe_2O_3 质量分数 $\geqslant$ 24.40%;PAC：Al_2O_3 质量分数 $\geqslant$ 29.05%;PAFC：Fe_2O_3 质量分数 $\geqslant$ 2.46%,Al_2O_3 质量分数 $\geqslant$ 23.60%。上述三种混凝剂对 SS 的去除效果如图 4.7 所示。

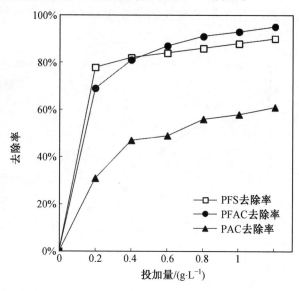

图 4.7　三种混凝剂对 SS 去除效果对比图

随着絮凝剂投量的增加,SS 的去除率稳定上升,其中,PFS 上升速度最快,投量达到 0.4 g/L 后,PFAC 的去除率超过 PFS。PFAC 是铝、铁共聚合成的新聚合物,兼具传统铝盐、铁盐的特点,与单纯使用铝盐、铁盐絮凝剂处理相比,聚合铝铁反应过程中矾花生成相对快、矾花重、沉降快,并且出水清澈、色度较低。从化学结构上看,聚合铝铁由铝盐和铁盐共聚因而具有较大的相对分子量。铝盐的水解是整个无机复合絮凝剂水解的主要部分,水解生成 $Al_{12}AlO_4(OH)_{24}$,该高聚体能够在表面对三价铁离子进行络合,大量铁离子络合使絮凝聚体表面带正电,废水中胶体和悬浮物一般带负电,其进一步被吸附聚集。复合铝铁水解后的产物与水中悬浮物胶体颗粒之间,相互发生压缩双电层及电中和作用,使废水中悬浮物胶体杂质之间吸附架桥形成网状,在沉降过程中对水中的杂质颗粒又起到网扫作用,去除效果也因此得到进一步提高。从图 4.7 可知,PFAC 去除效果最好,但随着絮凝剂投量增加,会导致胶体出现脱稳再稳定过程,使得 SS 反而增加。聚合硫酸铁分子量大,絮凝反应速度快,沉降性能稳定,近年来多用于高浓度有机废水的混凝处理。在 PFS 和 PFAC 两者去除效果相差不大的前提下,选择投量较小时去除速度增长较快的 PFS,更有利于悬浮物的去除,而 PAC 在三种混凝剂中对 SS 去除效果最差,故选择 PFS 为絮凝剂。

4.4.2　絮凝剂投量的优化

渗滤液原液 COD 浓度为 2.23 g/L,分别在 7 个 300 mL 烧杯中放入 200 mL 的渗滤液,逐步增加 PFS 投加量,投加范围为 0.2 ~ 1.4 g/L。剧烈混凝 2 min,慢速搅拌混凝 30 min,再静置 30 min,提取上清液,PFS 投加量变化对 COD 去除效果的影响如图 4.8 所示。

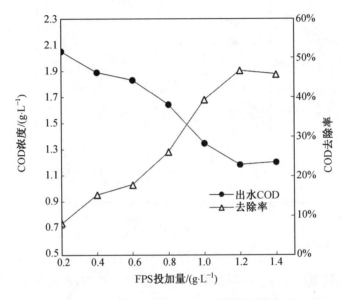

图 4.8　PFS 投加量变化对 COD 去除效果的影响

COD 去除率随着 PFS 投量的增加而升高,PFS 投加量为 1.2 g/L 时达到去除率最高值 46.82% ,随后去除率呈现下降的趋势。聚合硫酸铁絮凝剂水解时发生多种聚合反应,生成具有较长线性结构的多核羟基聚合物带正电荷,将胶体粒子所带的负电荷吸附中和,胶体颗粒之间的相斥力减弱并发生凝聚。继续增加聚合硫酸铁投量,胶体表面被混凝剂颗粒包覆而失去再凝聚能力,并出现脱稳现象,难以生成多核羟基聚合物,絮凝效果因而下降,COD 去除效率降低。实验将 PFS 投加量定为 1.2 g/L。

4.4.3　混凝时间的优化

设置 6 组实验,混凝实验为使用搅拌器以转速 300 r/min 剧烈混凝 2 min,再将转速设定为 100 r/min 进行慢速搅拌,之后静置 30 min,混凝时间变化对 COD 去除效果的影响如图 4.9 所示。

通过实验,剧烈混凝大于 2 min,则去除率基本无变化或出现下降,因此剧烈混凝时间 $t < 2$ min 为最佳。慢速搅拌混凝时间为 20 min 时,COD 去除率达到最高值 41.61% 。其后随着搅拌时间延长,初期形成的大絮体被进一步打碎成小絮体悬浮在液体上层难以沉降,因此慢速搅拌混凝时间定为 20 min 较为合适。沉淀时间越长则上清液检出的 COD

浓度越低,在沉淀 30 min 后,该下降趋势较为平缓。混凝过程可以在改造后的原水罐中进行,但停留时间过长需要增加原水罐容积,因此建议将沉淀时间定为 30 min。

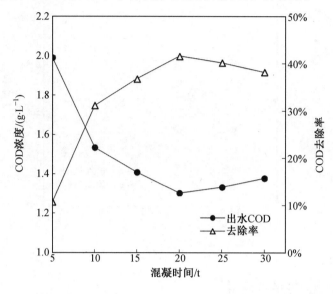

图 4.9　混凝时间变化对 COD 去除效果的影响

4.4.4　pH 的优化

当 pH<7 时,Fenton 氧化速率随酸性变慢,降低整体运行效率。但当 pH>7 时,由于 H_2O_2 是二元弱酸会加速离子键断裂,导致分解速度过快直接生产氧气,而不产生羟基自由基。因此先对 pH 进行优化调整,根据经验取值范围为 3 ~ 5.5,pH 优化实验中 $nH_2O_2 \cdot nFe^{2+}$ 摩尔比 n 暂定为 1,$FeSO_4$ 和 H_2O_2 的投加量均为 0.006 mol/L,利用 95% ~ 97% 浓硫酸或 30% 氢氧化钠溶液调节初始 pH,反应时间定为 2 h,pH 对去除率的影响效果如图 4.10 所示。

Fenton 氧化过程与溶液水质情况相关,溶液中污染物组分对各药剂投量有较大影响。针对实验渗滤液原液,pH 取值范围为 3 ~ 5.5,pH = 4 时 COD 去除率达到最高值 63.03%,pH>4 则去除率迅速下降,去除效果的好坏可以参照 OH^- 的产生量,原则上 OH^- 产生量越大则有机物被氧化降解的效果就越好。但 H^+ 的浓度随 pH 增大而降低,会使 Fe^{2+} 转化为氢氧化物沉淀,不参与催化 H_2O_2 生成 $\cdot OH$,使得反应活性降低,最终处理效果变差。若 pH<3,会导致 Fe^{2+} 在溶液中生成络合物 $[Fe(H_2O)_n]^{2+}$,同时 H^+ 与 H_2O_2 会生成稳定的 $[H_3O_2]^+$,Fe^{2+} 和 H_2O_2 的反应活性因此被降低,并且 H^+ 对 $\cdot OH$ 也具有一定捕获作用,导致 Fenton 反应整体氧化分解能力被削弱,因此本实验最终将 pH 定为 4。

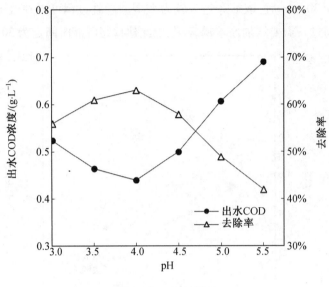

图 4.10   pH 的影响

4.4.5 H_2O_2 投量的优化

H_2O_2 投加实验分为 6 组,实验采用的 H_2O_2 质量浓度为 30%,质量密度 1.122 g/L, H_2O_2 分子量为 34,摩尔浓度约为 9.9 mol/L,投加量 2 ~ 12 mL/L。$FeSO_4 \cdot 7H_2O$ 投加量 为 2 g/L,pH 为 4,氧化时间为 2 h。投量变化对 COD 去除率的影响如图 4.11 所示。

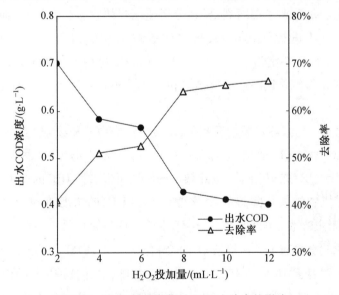

图 4.11 H_2O_2 投量变化对 COD 去除率的影响

H_2O_2 投量增加时,去除率持续上升,投加量为 8 mL/L 时去除率达到 64.03%,投量 继续提高则去除率持续上升,但增长趋势相对平缓,投量对 COD 去除效果影响较大,

H_2O_2 投量越大,产生的 ·OH 越多,氧化能力越强,对 COD 的去除率越高。H_2O_2 投加过量会影响系统运行经济性,投量小于 8 mg/L 时,去除率快速增长;大于 8 mg/L 时去除率变化趋缓。从投量成本因素考虑,本实验将投量定为 8 mL/L。

4.4.6　摩尔比 *n* 的优化

$nH_2O_2 \cdot nFe^{2+}$ 中摩尔比 *n* 的确定,H_2O_2 投加过量会消耗 ·OH,进而生成 $HO_2 \cdot$ 和 H_2O,Fe^{2+} 过量则会与 ·OH 反应还原为 Fe^{3+},Fe^{3+} 又将进一步消耗 H_2O_2,—OH 相互消解的副反应也会消耗 H_2O_2,对整个氧化反应过程产生不利影响。因此,针对不同状态的溶液,Fenton 试剂在反应过程中必然存在一个最佳的摩尔比。实验中将摩尔比 *n* 取值范围取为 0.5 ~ 3,pH 为 4,H_2O_2 投量为 8 mL/L,反应时间 2 h。$nH_2O_2 \cdot nFe^{2+}$ 摩尔浓度比的影响如图 4.12 所示。

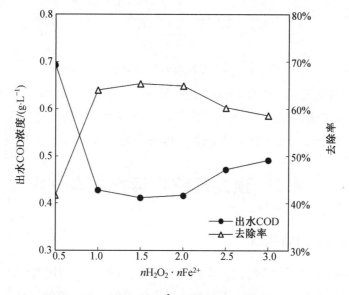

图 4.12　$nH_2O_2 \cdot nFe^{2+}$ 摩尔浓度比的影响

COD 去除率随着 $nH_2O_2 \cdot nFe^{2+}$ 中摩尔比 *n* 的增大,呈现先增大后减小的趋势,摩尔比 *n* 在 1 ~ 2 区间内,变化趋势较为平缓,摩尔比为 1.5 时,去除率达到最大值 65.38%。投加比增加后,H_2O_2 浓度高于 Fe^{2+},—OH 产生速率减慢,COD 去除率降低。摩尔比值低于 1 时,Fe^{2+} 浓度较高,大量的 Fe^{2+} 被 H_2O_2 氧化为 Fe^{3+},产生的 ·OH 被过量 Fe^{2+} 消耗,使得 COD 去除率减小,过量 Fe^{2+} 使出水电导率和总溶解性固体增加,铁泥量和后续处理费用也变多。摩尔比定为 1 ~ 2 较为适宜,因此 $nH_2O_2 \cdot nFe^{2+}$ 摩尔比定为 1.5 : 1。

4.4.7　反应时间的优化

将实验反应时间设置为 0.5 ~ 3 h,氧化反应时间对 COD 去除率的影响如图 4.13

所示。

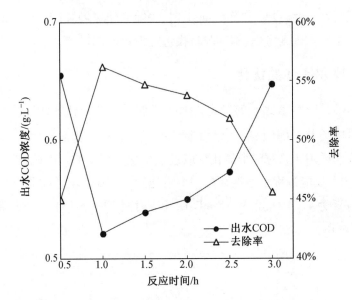

图 4.13　氧化反应时间对 COD 去除率的影响

本实验中氧化反应时间为 1 h 时,去除率即达到最大值 56.22%,随着氧化时间的增加,去除率有逐步降低的趋势。这说明通过 1 h 的氧化及沉淀反应,可以使得·OH 产生量达到在本实验相应工况下的最佳去除效果,将最终 H_2O_2 氧化反应时间定为 1 h。

4.5　预处理综合运行成本分析

4.5.1　主要设备构成

混凝、Fenton 作为预处理,设备要求较为简单,并且可以利用 DTRO 系统中的原液调节容器作为氧化设备。运行成本主要为药剂消耗。预处理构筑物一览表见表 4.4。

表 4.4　预处理构筑物一览表

序号	构筑物	设备
1	混凝搅拌池	加药搅拌机
2	沉淀池	计量泵
3	调节池	污泥泵
4	氧化池	污泥泵

4.5.2　药剂消耗成本

主要消耗的药剂为七水硫酸亚铁、聚合硫酸亚铁、过氧化氢、硫酸、生石灰等,处理每吨渗滤液消耗药剂成本见表 4.5。

表 4.5　预处理药品成本分析

序号	药剂项目	处理阶段	投量	费用/(元·t^{-1})
1	PFS	混凝	1 200 mg/L	1.08
2	Fe^{2+}	氧化	5.4 mL/L	1.64
3	H_2O_2	氧化	8 mL/L	11.8
4	H_2SO_4	混凝+氧化		0.10
5	NaOH	混凝+氧化		0.20

　　预处理中,采用混凝+Fenton 处理方式,渗滤液处理成本约为 14.82 元/t。其中,H_2O_2 在药剂成本中所占比例较高,若能进一步优化并控制 H_2O_2 投加量,可以进一步降低预处理成本。渗滤液每吨处理成本增加约 15 元左右,一级 DTRO 运行压力可以降低约 10 bar,可以有效降低化学清洗频率,大大延长膜片使用寿命,与设备折旧相平衡的综合运行成本还有待在填埋场封场后进行核算。

　　加入预处理后,可以降低膜片更换频率,在一次更换周期内,减去膜片更换成本,DTRO 运行成本约为 43.79 元/t。相比 MBR 单位运行成本为 43.82 元/t,MVC 单位运行成本为 40.71 元/t。混凝+Fenton+DTRO 综合运行成本增加并不多,后期场区盐度富集进一步升高后,预处理可以有效控制膜前污染物浓度,降低膜组件运行压力,节省电耗;并防止电导率过高,使得净水回收率下降,处理成本大幅增加的情况出现,在中后期成本优势将进一步体现。

4.6　Fenton 氧化改良的探讨

　　常见中小型生活垃圾填埋场渗滤液处理量一般为 30~200 t/d,药剂投加量与渗滤液产生量成正比,若在渗滤液处理站前增设预处理,Fenton 药剂使得运行费用增加,对于现阶段处在成本回收期的新建填埋场,收取的生活垃圾处理费来源稳定,很难完全平衡单独编列的药剂费用。因此,项目的盈亏取决于精简和压缩日常运维费用,应该根据项目地理环境、气候因素和污染物主要构成,对预处理合理优化降低药剂量,是节约成本的最佳方式。近几年随着 Fenton 法在各领域的推广应用,电解、光催化和超声波被引入到 Fenton 氧化处理工艺中,其中光、电结合对渗滤液处置较为有效,可以在药剂量不变的前提下提高处理效率。

　　参考 Fenton 改良工艺相关报道,电-Fenton 反应过程如图 4.14 所示,与传统 Fenton 法不同之处在于电化学反应使得阴极能够持续还原生成 Fe^{2+},最终沉降物产量较少。投加 H_2O_2 后反应生成强氧化性的自由基·OH,通过阴极充氧或曝气,电化学反应又使得氧

气还原为 H_2O_2，Fe^{2+}、H_2O_2 生成机制稳定，氧气与阴极接触也有利于溶液的混合。除了自由基·OH 对有机物的强氧化作用，阳极的氧化作用、电混凝等也有助于有机物的去除。具体反应过程如下：

$$Fe^{3+}+e \to Fe^{2+} \tag{4.10}$$

$$O_2+2H^++2e \to H_2O_2 \tag{4.11}$$

$$O_2+H_2O+2e \to HO^{2-}+OH^- \tag{4.12}$$

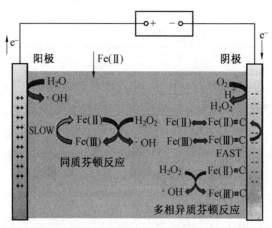

图 4.14　电解-Fenton 氧化示意图

有数据表明，引入电催化后，Fenton 氧化对 COD、NH_3-N 和色度的去除效果大幅提高，仅仅利用电-Fenton 三者的去除率就分别可以达到 80%、50% 和 95%。同时，电解过程对垃圾渗滤液中的其他污染物也能够进行分解和吸附，并且对垃圾渗滤液中的芳烃、烷烃、羟酸以及酯类等有机物都有着很好的降解效果。

光催化-Fenton 氧化示意图如图 4.15 所示。$Fe(OH)^{2+}$ 等络合物在光辐射的照射下，持续转化为 Fe^{2+}，Fe^{2+} 使反应能够保持循环，推动 H_2O_2 生成自由基·OH，光催化光源包括可见光和紫外线的辐射。反应过程如下：

$$H_2O_2+hv \to 2 \cdot OH \tag{4.13}$$

$$Fe^{3+}+hv+H_2O \to Fe^{2+}+ \cdot OH+H^+ \tag{4.14}$$

紫外光进行照射会使 H_2O_2 加速分解，产生更多的羟基自由基·OH，渗滤液中的有机污染物被氧化降解。光催化-Fenton 对渗滤液的色度的去除效果较好。实验表明，光催化+Fenton 氧化对渗滤液进行处理，COD 去除率最高可达 90% 以上，脱色率也可以提高到 50% 左右。光催化-Fenton 氧化作为预处理工艺在处置生活垃圾填埋场渗滤液过程中，可以进一步降低药剂投加量。

电解与光催化相比，电解要更有优势。表现为电解过程中 H_2O_2 反应产生羟基自由基·OH 的过程更加稳定；电解-Fenton 氧化过程中有机物降解的速度更快，污染物的削减速度更快；电解过程不需要添加剂，Fe^{2+}、Fe^{3+} 和 H_2O_2 可以在电解环境中产生，污泥的产生

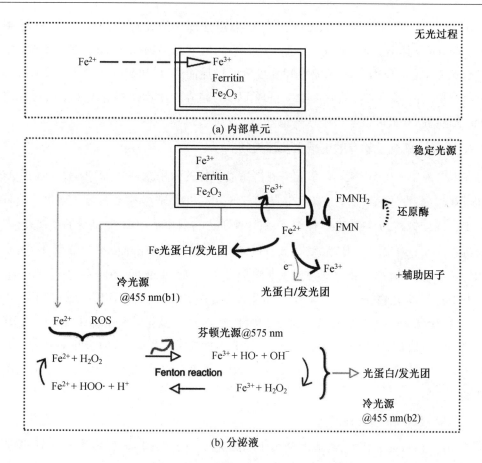

图 4.15　光催化-Fenton 氧化示意图

量较少;与光催化相比,电解过程还可以对固体悬浮颗粒物产生吸附的能力。因此,若采用 Fenton 氧化作为预处理工艺进行 DTRO 技术改造,同等处理规模、相同处理条件下,可以考虑进一步增设电解配套设备,降低 Fenton 试剂投加量,长期运行可以一定程度提高工艺整体经济性。

4.7　本章小结

1. 混凝预处理可以有效降低 DTRO 运行压力

复合铝铁水解后的产物与水中悬浮物胶体颗粒之间,相互发生压缩双电层及电中和作用,使废水中悬浮物胶体杂质之间吸附架桥形成网状,在沉降过程中对水中的杂质颗粒又起到网扫作用,去除效果也因此得到进一步提高。聚合硫酸铁分子量大,絮凝反应速度快,沉降性能稳定,近年来多用于高浓度有机废水的混凝处理。选择投量较小时去除速度增长较快的 PFS,更有利于悬浮物的去除。利用混凝对 SS 较高的去除能力,以及共沉淀作用使得水体中其他污染物得到分离的特点,结合 Fenton 氧化对 COD 及其他污染物的强氧化削减能力,采用混凝 + Fenton 工艺作为预处理。预处理后的渗滤液,电导率由 18.62 mS/cm 下降至 9.68 mS/cm。运行压力平均值下降了约 3.2 bar。混凝实验中,pH 调整至 6.5 左右。COD 去除率随着 PFS 投量的增加而升高,PFS 投加量为 1.2 g/L 时达到去除率最高值 46.82%,随后去除率呈现下降的趋势。建议剧烈混凝 2 min,慢速混凝 20 min 后沉淀 30 min,混凝去除效果最好。

2. Fenton 氧化能够有效削减主要污染物

在混合液中产生 OH^- 越多,氧化并且降解有机物的效果就越好。H_2O_2 投量越大,OH^- 增加量就越多;投加比增加后,H_2O_2 浓度高于 Fe^{2+},—OH 产生速率减慢。摩尔比值低于 1 时,Fe^{2+} 浓度较高,大量的 Fe^{2+} 被 H_2O_2 氧化为 Fe^{3+},产生的 ·OH 被过量 Fe^{2+} 消耗,不利于有机物降解;pH 增大,H^+ 浓度降低,Fe^{2+} 转化为氢氧化物沉淀,不能催化 H_2O_2 生成 ·OH,反应活性降低,最终使其处理效果变差。而过低的 pH,易导致 Fe^{2+} 生成 $[Fe(H_2O)_n]^{2+}$ 络合物,同时 H^+ 与 H_2O_2 将生成稳定的 $[H_3O_2]^+$,进而降低 Fe^{2+} 和 H_2O_2 的反应活性,降低 Fenton 体系的氧化能力。因此,在 Fenton 氧化实验中,pH 为 4 时 COD 去除率达到最高值 63.03%;从经济性上考虑,H_2O_2 投加量为 8 mL/L 时去除率为 64.03%;摩尔比为 1~2 较为适宜,因此 $nH_2O_2 \cdot nFe^{2+}$ 定为 1.5:1。氧化反应时间为 1 h,去除率即达到最大值。

3. 混凝+Fenton 预处理成本

采用混凝+Fenton 预处理,成本约为 14.82 元/t。渗滤液每吨处理成本增加 15 元左右,一级 DTRO 运行压力可以降低约 3.2 bar。可以有效降低化学清洗频率,大大延长膜片使用寿命。加入预处理后,DTRO 运行成本约为 43.79 元/t,相比其他主流工艺,运行成本增加不多,并且可以利用光、电催化降低药剂投加量,在填埋场运行中后期成本优势将逐步显现。

第5章 低温运行优化及
浓缩液最终处置的研究

5.1 LFG 预加热可行性的实验研究

5.1.1 温度、气压对渗滤液黏度影响机理

按照流体流动的基本原理,可以将液体看作若干流态层面,液体的黏性将力逐层传递,形成速度梯度 du/dr,力传导使得液体各层被带动形成速率,称剪切速率。F/A 为剪切应力,若将剪切速率与剪切应力建立关系式,则可得

$$(F/A) = \eta(du/dr) \tag{5.1}$$

式中,系数 η 即为液体的剪切黏度(另有拉伸黏度,但使用较少,不加区别简称黏度时一般指剪切黏度)。

通常黏度会随温度的改变而产生显著变化,相对而言受压力变化而产生改变的影响较小。当温度改变时,渗滤液原液中水的动力黏度和运动黏度也会随之改变。温度升高,则液体黏度减小,液体层级之间的切向应力也相对减小,RO 膜片表面溶液边界层的透过系数升高,使得渗透压下降。

液体的压强和液体的密度成正比,液体的密度越大,压强越大,水黏度越高,成正比例的关系。液体黏度受大气压强的影响较小,但当大气压强提高时,动力黏度与运动黏度也会小幅度升高。在云贵高原地区,随着海拔上升,大气压下降,水黏度随之小幅下降。实验设备地处海拔 1 910 m 的高原地区,大气压为 70 ~ 72 kPa(0.7 ~ 0.72 bar),对水黏度的影响也需要纳入考虑范围。

温度对 DTRO 系统净水回收率存在的影响大致为,进水温度增加 1 ℃,膜的透水能力增加约 2.7%。反渗透膜进水温度的下限大致为 5 ~ 8 ℃,这时的浓缩过程变得非常慢,若低于该温度,反渗透浓缩分离几乎无法进行。在实验项目运行过程中,进水温度低于 14 ℃时,DTRO 系统运行效率就开始持续下降,由于地处南方,冬季气温很少低于 0 ℃,在冬季下填埋场区渗滤液仍会持续产生,调节池容积有限,处理系统仍然需要运行,无法完全关闭。

另一方面,温度下降会导致膜片分离效能下降,进而影响到运行压力、能耗、脱盐率等性能参数,渗滤液处理设施在冬季期间若关停,冬季雨雪天气会使渗滤液产生量增加,超

出调节池容积则只能使用泵连续回灌,填埋场运行成本大大增加。甚至会因回灌液量过大,导致填埋场坝体稳定性受到影响,危及填埋场运行安全。因此改善低温气候下 DTRO 系统的运行环境,确保渗滤液处理系统连续运行,对冬季填埋场正常运作至关重要。本渗滤液处理系统运行温度 $t>14$ ℃ 时,运行压力变化较为平缓。考虑在渗滤液调节池和 DTRO 系统两者之间,放入与 DTRO 同步连续运行的加热系统。

5.1.2 渗滤液加热可行性分析

填埋气(landfill gas,LFG)是城市生活垃圾在垃圾场内厌氧环境下产生的气体。是填埋垃圾中的有机物质,在微生物作用下厌氧降解,发生一系列的复杂的生物、化学反应而产生的混合气体。根据填埋垃圾的来源和组成不同,填埋气体中含有 30% ~55% 体积比的甲烷,以及 30% ~45% 体积比的二氧化碳,以及微量的氨、一氧化碳、硫化氢、多种挥发性有机物等物质。经测算,1 m^3 未经处理的填埋场气体热值是 19.2 ~22.5 MJ/m^3,相当于大约 0.5 m^3 天然气的热值。一般垃圾填埋场为防止可燃气体爆炸,在场区设置竖井石笼排气。可以通过填埋场竖井中垂直带孔管道收集废气并回用,将可燃气体输送至集气柜,通过燃烧器利用热值加热垃圾渗滤液,具有热值稳定,可持续加热的优点。

太阳能及地热系统。利用太阳能集热器,收集太阳辐射能并通过热交换器加热。具有节能、环保、安全、运行成本低、占地空间小等特点。但存在受气候因素影响,加热性能不稳定、热值低等问题。地热形成的天然温泉的温度大多在 60 ℃ 以上,有的甚至高达 100 ~140 ℃,现阶段热能利用效率可达 50% ~70%,但也存在资源分布有限,热能无法远距离输送的问题。两者作为绿色能源,可以在日照和地热资源丰富的地区作为辅助加热手段。

云南省西北部青藏高原地区某生活垃圾填埋场,冬季平均气温低于 0 ℃,由于垃圾堆体自身生化反应产生热量,渗滤液仍不断产生,该场渗滤液处理站采用 MBR 工艺,低温环境下无法正常运行。通过改造,借助冬季丰富日照资源,利用太阳能系统加热渗滤液,并加盖温室将生化段处理设施维持在适宜的温度,对缓解生物反应段菌群受低温冲击,提高卷式膜的产水效率有一定效果。因此,充分结合填埋场产生可燃废气的特性,对气体进行收集燃烧,并结合所在地自然条件进行辅助加热,在低温季节调节渗滤液温度,可以避免压力峰值区的出现,进而改善系统运行经济性。

5.1.3 渗滤液加热小试实验结果

1. 实验设备

电加热系统,DTRO 小试机,电子温度计,压力表。

2. 实验方法

将电加热棒置于装满渗滤液的 50 L 桶中,用电子温度计进行监控,环境温度为

12.8 ℃,逐步升高原液温度,每次升高 1 ℃后接入 DTRO 小试设备,小试机按照回收率为 90% ,每次过水后都进行清洗。温度对运行压力影响示意图如图 5.1 所示。

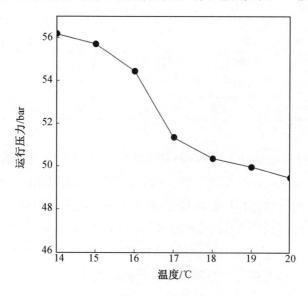

图 5.1　温度对运行压力影响示意图

将渗滤液温度由 14 ℃加热升高至 22 ℃,一级 DTRO 运行压力由 56.2 bar 下降至 49.5 bar。温度回升后,水黏度下降,盐分透过膜片的扩散速率随着温度的升高逐渐加快,出水电导率随之上升,运行压力变化逐步平缓。这说明系统运行在适宜的温度区间,可以大大提高 RO 膜的分离性能。DTRO 系统的环境温度的控制范围可以降低到 14 ℃,一部分原因是由于设施所在地大气压强随海拔升高而降低,水黏度由于大气压强降低而小幅下降。若海拔进一步提升,DTRO 系统对最低温度的承受极限可以进一步升高。

5.1.4　LFG 的燃烧性能

我国生活垃圾填埋场建设,由于受到投资限制,以及国家中央预算内支持项目审批范围的限制,配套建设 LFG 无害化和回用设施的填埋场很少。县级生活垃圾卫生填埋场全部采取在填埋场区设置曝气石笼的方式,将可燃气体排空,不仅造成高燃值的甲烷被浪费,也进一步增加了温室气体排放。因此可以利用 LFG 热值较高,低成本的特点,将其作为锅炉燃料,使用燃烧器进行加热,为渗滤液处理系统以及填埋场生产生活设施供暖。填埋气体成分由于垃圾成分的复杂性和垃圾内部变化过程的多样性,导致 LFG 成分也较为复杂。CH_4 和 CO_2 在 LFG 主要成分中所占比例最高,占 LFG 产生量的 95% ~99%。其他气体占比低于总量的 5% ,但成分构成非常复杂,约有 150 多种微量气体,其中一部分具有毒性,大量填埋气从填埋场向大气释放不仅造成资源浪费,还会对周边大气环境产生有害影响。LFG 组分决定其特性,主要特点在于作为温室气体造成大气污染,易燃易爆的危害性以及回收利用的经济性。LFG 的组分见表 5.1。

表 5.1 LFG 的组分

组分	甲烷 (CH$_4$)	二氧化碳 (CO$_2$)	氮气 (N$_2$)	氧气 (O$_2$)	硫化氢 (H$_2$S)
体积所占百分比/%	45 ~ 60	40 ~ 60	2 ~ 5	0.1 ~ 1.0	0 ~ 1.0

组分	氨气 (NH$_3$)	氢气 (H$_2$)	一氧化碳 (CO)	微量气体
体积所占百分比/%	0.1 ~ 1.0	0 ~ 0.2	0 ~ 0.2	0.01 ~ 0.6

CH$_4$ 是造成气候变化影响最严重的温室气体之一,占整个温室气体量的 15%,从总量上看仅次于水蒸气和二氧化碳,但危害要更大,其原因是 CH$_4$ 吸收红外线的能力达到 CO$_2$ 的 26 倍,温室增温能力也比 CO$_2$ 高 28 倍,因此 CH$_4$ 减排对应对全球气候变化有着重要意义。根据 JRC&PBL 发布的研究报告,2005 年全球 CH$_4$ 排放 3.46 亿吨,垃圾填埋场 CH$_4$ 排放 2 830 万吨,占总排放量的 8.18%,并且达到温室气体排放总量的 1.5%。研究表明,21 世纪初大气中 CH$_4$ 增长速度仅为每年平均百亿分之五左右,与历史数据相比较,大气中 CH$_4$ 浓度从 2007 年快速上升,在 2014 年和 2015 年达到峰值,两年内 CH$_4$ 浓度每年上升亿分之一。近年来,由于各国对 CO$_2$ 排放进行严格控制,CO$_2$ 排放的增长逐步趋于平缓,但 CH$_4$ 排放仍在高速增长。其中全球世界范围内垃圾填埋产生的 CH$_4$ 排放在 1970 ~ 2008 年增长了 78.79%,垃圾填埋场已经成为温室气体减排的重要领域之一。英国、德国等发达国家的垃圾填埋场 CH$_4$ 减排由于采用了"清洁发展机制",在发展中国家购买减排量以抵消其本国排放量,因此在实现《京都议定书》目标过程中,表现较为突出。欧盟于 1999 年出台填埋导则,对垃圾分类收集处理提出严格规定,垃圾分类可以有效降低填埋组分中的有机物,并且通过焚烧和其他处理降低了填埋量以及 LFG 产生量。美国通过推广 LFG 回收再利用,包括 LFG 燃烧产热及发电等,进一步降低了垃圾填埋场 CH$_4$ 排放量,减排效果明显。

从垃圾堆体中溢出的 CH$_4$ 浓度达到空气总量的 5% ~ 15% 时,遇到明火就会引起爆炸。在填埋库区中 LFG 在垃圾堆体中会自由扩散,并根据填埋压实情况,会沿堆体中的空隙产生横向和纵向迁移,也有可能在覆盖层下方的密闭空间大量积聚,能量在压覆层压力下无法释放,若 LFG 不能及时排空达到临界值就会发生爆炸,并且造成大规模垃圾堆体坍塌,严重的将危及库区结构安全,导致边坡滑坡和场区坝体失稳,最终填埋场损毁。在我国湖南岳阳曾发生 2 万 m^3 垃圾堆爆炸的严重事故,垃圾坝体和附属配套设施受到严重损坏,固体废弃物被剧烈爆炸抛向四周。LFG 的高位热值为 15.63 ~ 19.5 MJ/ m^3,CH$_4$ 密度大约为空气的 0.55 倍,为防止溢出必须储存在密封环境下,可以进行压缩储藏。经过脱水、去除杂质等流程处理后,是一种便于利用的再生能源。截至 2001 年,世界上有 955 家填埋场进行了填埋气的回收利用,其中美国有 325 家,每年收集甲烷 260 万吨,

70% 用于发电。可见 LFG 具有很高的利用价值。

生活垃圾填埋场排气、排液示意图如图 5.2 所示。

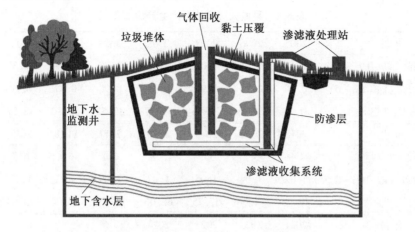

图 5.2　生活垃圾填埋场排气、排液示意图

5.2　LFG 回用加热物料平衡计算

5.2.1　甲烷 IPCC 计算方法

LFG 通过填埋厌氧反应降解固体废弃物产生,因此填埋场堆体中生活垃圾的固体废弃物组分、分类处理程度、填埋方式、填埋场区水文地质气候条件等因素综合影响到 LFG 的产生量。CH_4 作为最主要的排放气体物质,是固体废弃物中可降解有机碳(DOC)在填埋场进行复杂生化反应后的产物,因此在计算城市生活垃圾温室气体排放量的过程中,DOC 是需要首先推导进行估算的重要参数。该数值的取值可以参考联合国政府间气候变化协调委员会(IPCC)出版的温室气体清单指南,该指南对处理填埋场固体废弃物后温室气体排放量给出了明确的计算方法,针对不同类型固体废物的可降解有机碳,通过对世界范围典型填埋场体组分进行统计,该计算方法直接给出了建议 DOC 默认值。但 IPCC 指南也提醒读者,应根据各国不同地域实际情况校核默认参数,减少误差以确保固体废弃物构成情况数据符合本国或地区实际情况,有条件的应对填埋场具体组分构成进行检测分析,然后再对 DOC 进行详细核算。

IPCC 模型估算:IPCC 模型是联合国政府间气候变化委员会 1995 年推荐的模型,其计算公式为

$$E = MSW \times n \times DOC \times r \times Mr(CH_4/C) \times 0.5 \tag{5.2}$$

式中,E 为 CH_4 排放量;MSW 代表城镇生活垃圾总量;n 为生活垃圾卫生填埋率;DOC 是总可降解有机碳;r 为可降解有机碳降解百分率;Mr 为分子量比值。

填埋率 n 按照理想垃圾收集转运率 100%,进入填埋场无害化处理率 80% 计算,取值

为 80%；总有机碳降解百分比 r 按照联合国推荐值取 77%；Mr 分子量比值为 4/3，MSW 预测值见表 5.2。

表 5.2　县城人口及垃圾产生量估算表

年份	2005	2006	2007	2008	2009	2010	2011	2012
城镇人口/万人	2.42	2.74	3.06	3.38	3.70	4.00	4.3	4.6
人均产生垃圾/$(kg \cdot (p \cdot d)^{-1})$	0.90	0.91	0.93	0.94	0.96	0.97	0.99	1.01
日均产量/t	21.78	24.93	28.46	31.77	35.52	38.80	42.57	46.46
年份	2013	2014	2015	2016	2017	2018	2019	2020
城镇人口/万人	4.9	5.2	5.5	5.8	6.1	6.4	6.7	7.0
人均产生垃圾/$(kg \cdot (p \cdot d)^{-1})$	1.02	1.04	1.05	1.07	1.09	1.11	1.12	1.14
日均产量/t	49.98	54.08	57.75	62.06	66.49	71.04	75.04	79.80
年份	2021	2022	2023	2024				
城镇人口/万人	7.30	7.60	7.90	8.20				
人均产生垃圾/$(kg \cdot (p \cdot d)^{-1})$	1.16	1.18	1.20	1.22				
日均产量/t	84.68	89.68	94.80	100.04				

5.2.2　DOC 的计算

DOC 是指固体废弃物中能够通过生化反应降解的有机碳的量。可以对固体废弃物中含有的有机物的主要组分权重进行分析，推导符合本地生活垃圾构成的 DOC 近似值，可以通过固体废物流中各类成分的平均质量权重计算，IPCC 指南中提出了 DOC 的推荐计算公式，见式(5.3)。

$$DOC = 0.4A + 0.17B + 0.15C + 0.3D \tag{5.3}$$

式中，A、B、C、D 分别为不同种类生活垃圾在总固体废弃物中所占质量分数，A 为可燃的纸类和编织物；B 为植物废弃物及食品以外的易腐有机物数；C 为厨余垃圾；D 为草、木料和部分可进入生活垃圾填埋场的可燃建筑固废。

中国城市固体废物的分类情况与 IPCC 指南中固体废物的分类不同，通过采样分析实验所在地城镇生活垃圾收集组分构成情况，参考国内同等规模城镇，固体废弃物成分大致可以分为纸类、厨余、橡塑类、织物、竹木、金属、玻璃、砖石、其他垃圾 9 种。IPCC 推荐方法中参数的选取主要引自西方国家文献，与中国实际情况并不完全相同，可以因地制宜将计算进行简化。因此，结合项目所在地实际情况，将金属、玻璃、砖瓦等无机物排除，确定出厨余、纸类、织物、竹木、灰渣这 5 种城镇固体废弃物为主要的 DOC 来源，并尽量简化计算结果。经过化学分析得到产气成分，计算得到固体废物中可降解有机碳含量的缺省值。含 C 有机物平均含量见表 5.3。

表 5.3　含 C 有机物平均含量

组分	C(以干质量计)/(mg·kg⁻¹)
纸类和织物(A)	40
公园、庭院垃圾(B)	17
餐厨垃圾(C)	15
竹木、草料(D)	30

含水率的计算见式(5.4):

$$C_水 = (M_湿 + M_干)/M_湿 \tag{5.4}$$

式中,$C_水$ 为含水率(%);$M_湿$ 为湿基质量(g);$M_干$ 为干基质量(g)。

参考高庆先等人的研究结论,干基、湿基城市固体废物中可降解有机碳含量推荐值参见表5.4。

表 5.4　干基、湿基城市固体废物中可降解有机碳含量推荐值

成分	干基/%	湿基/%
纸类	38.78	25.94
竹木	42.93	28.29
织物	47.63	30.20
餐厨垃圾	37.41	7.23
灰渣	5.03	3.71

将干基质量百分比系数、生活垃圾固体废弃物中含碳量分别相乘后代入 DOC 计算式,即可得到本地单位可降解有机碳含量。

5.2.3　热值产生量的计算

现阶段在中小型城镇的卫生填埋设施,基本上接纳 80% 以上的城镇生活垃圾产生量,IPCC 模型是宏观统计模型,利用这一模型可以快捷方便地估算整个城镇的生活垃圾的产气量。按表 5.2 估算 2012 ~ 2015 年该生活垃圾卫生填埋场垃圾储存量为 76 018.55 t,2016 年日均填埋量 62 t。

由 IPCC 模型估算将上述估算数值代入式(5.2),每日填埋垃圾理论产气量计算可得

$$E = 3.6 \text{ t/d} = 5\,040 \text{ m}^3/\text{d}$$

产气量约为 5 000 m³/d。

经测算,1 m³ 未经处理的填埋场气体热值是 15.63 ~ 19.5 MJ/m³,相当于大约 0.5 m³ 天然气的热值。该生活垃圾卫生填埋场将 LFG 回用燃烧约可产生 10^5 MJ/d 的热量。将

可燃气体输送至集气柜,并利用集气柜进行存储,通过燃烧器利用热值加热垃圾渗滤液,具有热值稳定、可持续加热的优点。

5.3 LFG 系统回用加热系统设计

5.3.1 LFG 收集系统设计

1. 竖井布置

现阶段大多数生活垃圾卫生填埋场普遍采用曝气石笼配合竖井,作为填埋场区的排气系统。为防止地下水由于局部压强过大破坏防渗层造成渗滤液污染,纵向竖井深度需要按照库区设计埋深确定,并随覆土层高度逐步提高排气口,原则上井深不得超过填埋堆体深度的90%。其中,美国 EPA 将填埋堆体深度的75%作为竖井深度的设计标准限值。由于要尽可能提高 LFG 回用百分比,填埋堆体底部的气体应纳入收集范围,可以将井深设计为井底达到堆体深度的80%。抽气半径是指竖井收集气体作用的最大范围,抽气范围会被底部反渗层阻隔,因此抽气半径设计应实现对库区底部的覆盖。抽气半径及竖井间隔距离受到填埋方式、填埋堆体深度、垃圾压实密度、填埋场压覆比例等因素影响,由于地域、气候和垃圾组分的巨大差别,我国研究者对抽气半径的取值结论有着较大的差异,具体数值在工程上可以通过实验并建立预测模型或现场测试确定影响半径,根据填埋压实情况的不同,抽气井作用半径可以确定为 25 ~ 45 m。在实际设计和施工过程中,大部分将填埋废气自然排空的填埋场,将竖井间距控制在 30 m 以内气体散逸效果较佳。

2. 管路收集系统

在工程设计中,可以利用 LFG 比空气轻,能够自然扩散逸出的特性,由 LFG 自身压力的推动沿竖井和曝气石笼排出垃圾堆体。自然排空不需要外接动力,不产生能耗,运行成本低。但抽气半径小,排气效率低,实测有效半径小于 20 m,并且气体收集能力随着竖井间距的增大快速下降,自然排空法适合用于对垃圾堆体内气体密闭形成的气穴进行释放减压,减少 LFG 的存量,降低填埋体内气压过大产生的爆炸的风险。曝气石笼在垃圾堆体上既起气体收集作用,又担负着输气作用,有助于 LFG 的散逸但不利于气体的集中收集,难以满足回收利用的要求。对于 LFG 进行回用的填埋场,应该采用机械抽吸的方式确保稳定的供气量,铺设专用 LFG 导排管线并接入抽气设备,管道依次与竖井连接,利用压力梯度来收集气体。LFG 收集后可以在简单脱水后直接燃烧,也可以在集气柜中储存,或者接入其他设施,用于发电或其他能源生产。与自然排空相比,机械抽吸具有导排效果好,抽吸效率高等特点,并且能够按照需要对产气速率进行调节。因此采用机械抽吸不仅能减小填埋产生废气排放量、消除压覆气爆安全隐患、降低温室气体污染,而且提高收集效率,能满足 LFG 回用要求,实现一定的经济效益。

3. LFG 收集系统优化

在设计施工过程中,对垃圾场的收集区和相应的导排管路进行科学规划,将水平收集和竖向收集相结合,尽量减少通道之间的相互影响,尽可能提高 LFG 的收集效率。由于垃圾堆体存在沉降,并且垃圾堆层在压实过程中存在水平压力不均衡,在管材的选择上宜采用燃气用埋地聚乙烯管材及管件、PE 管等柔性管材。承托用的卵石应选择碳酸钙含量低的,并且避免使用石灰石,防止卵石粉末化或者与渗滤液相溶解,堵塞收集孔的空隙降低收集效果。自然垃圾堆体中由于垃圾含有大量的水分,垃圾堆体内部由于生化反应产热,温度约可达到 60 ℃,气体在输送过程中有冷凝液析出,逸出的气体亦含有大量水蒸气和夹带的细小的水珠,有资料表明每 10 000 m³ 填埋气体中大约含有 0.07 ~ 0.8 m³ 冷凝液。输气干管敷设应设置一定的坡度,坡度方向为自流朝向冷凝液收集井,防止冷凝液积聚在导排管中使填埋气体输送受到阻断。可以将输气干管敷设在垃圾堆体的侧面斜坡上,利用高差减少开挖土方量,并在输气干管的终端设置一个冷凝收集井。

5.3.2　加热系统工艺流程及投资估算

由于实验所在填埋场区还未开展 LFG 收集系统建设,现阶段就加热系统流程设计及其建设使用成本进行讨论。本系统设计用于低温环境下渗滤液加热以及渗滤液浓缩液的干化处置。主要由抽气井(LFG pumping well)、气水分离罐(gas-water separator)、集气罐(dry gasholder)、LFG 锅炉(LFG boiler)、渗滤液加热槽(leachate heating tank)、浓缩液储存罐(concentrate solution storage tank)、DTRO、喷淋系统、点火器、安全设备、沼气加压风机等组成。

LFG 燃烧加热系统流程图如图 5.3 所示,LFG 脱水后经过鼓风机压入沼气管道经计量装置、火焰阻挡器到达火焰喷嘴,在丙烷引火源作用下被点燃。加热系统需进行过程控制,根据环境温度设置渗滤液流速,在锅炉加热槽保持足够的停留时间加热至 15 ~ 20 ℃,再重力自流进入 DTRO 系统。

浓缩液则由收集罐抽至加热系统,与空气充分混合后直接喷淋进入锅炉,最后由排渣系统将残渣排出。渗滤液加热与浓缩液干化过程采取分时段运行的方式,在冬季低温环境下,加热系统与 DTRO 系统同步运行,进入加热系统的渗滤液的量与 DTRO 处理量保持平衡,浓缩液进入储存罐储存。在 DTRO 运行周期进入清洗及检查维护过程后,燃烧系统转而进入浓缩干化处理流程。若环境温度不需要进行加热,则加热系统可以关闭,在浓缩液收集罐接近满时,再开启运行。

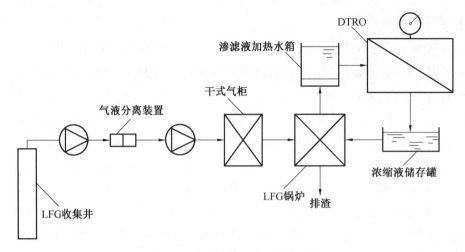

图 5.3　LFG 燃烧加热系统流程图

5.3.3　浓缩液的无害化处置

1. 浓缩液处置的讨论

渗滤液浓缩液是 DTRO 系统完成浓缩分离后主要污染物的高聚集物,污染程度远高于渗滤液原液。浓缩液中包括大量的甲苯、N,N-二甲基甲酰胺、2,4-二甲基一苯甲醛、2,4-二(1,1-二甲基乙基)苯酚、磷酸三(2-氯乙基)酯、邻苯二甲酸环己基甲基丁基醚、邻苯二甲酸二丁酯、3-(3,5-二叔丁基-4-羟基苯基)丙酸、乙酰胺、正十六酸、二烯酸,以及少量的十八烷到二十五烷之间的正烷烃等有机物。从上述污染物本身的特点来看,很大一部分具有毒性,基本不能作为营养源参与生物反应。从经济性上考虑,不适宜再做生化处理或资源化利用。正常工况下,DTRO 浓缩液一般被控制为进水量的 29%。前一阶段大部分城镇生活垃圾填埋场将渗滤液浓缩液直接回灌,渗滤液经过膜深度处理后的浓缩液人工抽吸回流至填埋库区,通过人工喷灌技术,再渗流至垃圾填埋堆体。原理上是将垃圾堆体作为生物滤床,浓缩液中的有机物在渗滤液自流穿透垃圾填埋层的过程中,垃圾中的微生物对其实现降解。通过对前一阶段运行的生活垃圾填埋场区渗滤液进行采样观察,长期采用回灌处理浓缩液的系统,填埋场排出的渗滤液中主要污染物质浓度没有显著变化,但会造成水流短路,增加填埋层含水率,同时导致垃圾场含盐量增加。

采用加热系统对浓缩液进行蒸发固化,是一个把挥发性组分与非挥发性组分进行物理分离的过程,加热溶液使水沸腾气化和不断除去气化的水蒸气。垃圾渗滤液蒸发处理时,水分从渗滤液中沸出,污染物残留在浓缩液中。所有重金属和无机物以及大部分有机物的挥发性均比水弱,因此会保留在浓缩液中,只有部分挥发性烃、挥发性有机酸和氨等污染物会进入蒸汽,最终存在于冷凝液中。具有操作、管理简单,能够维持长期稳定运行的优势。

2. 浓缩液的蒸发固化

可以参考 MVC 系统,采用 LFG 对浓缩液进行加热固化。原理是在燃烧器内,将空气加热并以微小泡方式喷射到渗滤液浓缩液中,将渗滤液浓缩液加热、蒸发。蒸发过程中产生的尾气又进入火炬中进行二次燃烧。在整个 LFG 回用加热渗滤液系统中,在系统回路上增设渗滤液浓缩液输入及排渣系统。利用 LFG 中 CH_4 燃烧时所释放出的热能替代 MVC 的电加热或油电混合加热系统。经过蒸发浓缩液一般仅剩下约 3% 的沉渣,可以实现对渗滤液的完全无害化处置,消除回灌对填埋场区盐度堆积产生的影响。浓缩液蒸发系统由于浓缩液量相对渗滤液总量较少,蒸发器体量较小,与全部渗滤液完全蒸发处置相比,设备成本相对较低。但为满足防腐等级要求,蒸发装置的主材必须是采用 Ti 材料以上级别的耐腐蚀材料,造价昂贵并且后期保养费用较高,仍存在总体成本增加的不利因素,因此建议经济条件较好的地区可以使用该工艺流程进行技改升级,消解浓缩液,实现渗滤液完全无害化。

5.3.4　LFG 加热蒸发系统成本核算

与其他加热干化系统相比,LFG 加热蒸发设备将燃料替换为堆体废气,由于废气含水率较高,需要对水分进行脱离,对气水分离设备要求较高。由于渗滤液加热温度不高,对加热槽等设备造成的结垢问题并不严重,合理选择配套组件,可以降低设备总投资(表5.5)。

表5.5　浓缩液蒸发系统主要设备表

序号	名称	数量	单位	序号	名称	数量	单位
1	来液过滤器	1	套	17	冷却水泵	1	台
2	蒸发装置	1	套	18	反冲/顺冲泵	1	台
3	离子交换系统	1	套	19	浓水输送泵	1	台
4	过滤系统	1	套	20	再生废液#1 输送泵	1	台
5	浓盐酸储罐	1	个	21	再生废液#2 输送泵	1	台
6	5% 稀盐酸罐	1	个	22	滤渣液输送泵	1	台
7	自来水罐	1	个	23	顺冲水输送泵	1	台
8	氨基磺酸溶解罐	1	个	24	循环水泵	1	台
9	氢氧化钠溶解罐	1	个	25	浓水泵	2	台
10	来液加压泵	2	台	26	蒸馏水泵	1	台
11	碱泵	1	台	27	计量泵	2	台
12	酸泵	1	台	28	吸收塔计量泵	1	台
13	清水泵	1	台	29	反渗透计量泵	1	台
14	阳树脂再生泵	2	台	30	吸收塔循环泵	2	台
15	阴树脂再生泵	2	台	31	过滤系统增压泵	1	台
16	浓盐酸泵	1	台	32	压缩机	2	台

净水回收率为71%,则浓缩液产生量为29 t/d,参考现有类似蒸发设施,将上述设备单价进行统计汇总,29 t 浓缩液蒸发系统设备投资为 260 万~300 万元。

浓缩液蒸发固化单位运营成本为 30.73 元/t,明细见表5.6。

表5.6 浓缩液蒸发系统处理工艺直接运营成本和单位运营成本

序号	运营成本项	明细	工程年处理量	成本小计
1	药剂费用	烧碱:0.2 kg/t×29 t/d×330 d×2 元/kg=3 828 元 31%盐酸:2 kg/t×29 t/d×330 d×1 元/kg=19 140 元 氨基磺酸:0.2 kg/t×29 t/d×330 d×4 元/kg=7 656 元 消泡剂:0.2 kg/t×29 t/d×330 d×3 元/kg=5 742 元 树脂:0.05 L/t×29 t/d×330 d×30 元/L=14 355 元 本项合计:50 721 元	29 t/d×330 d =9 570 t	5.3 元/t
2	人员成本	2 500 元/月×2 人×12 个/月=60 000 元	29 t/d×330 d =9 570 t	6.27 元/t
3	设备折旧	2 600 000 元	29 t/d×330 d×15 年=143 550 t	18.11 元/t
4	土建折旧	200 000 元	29 t/d×330 d×20 年=191 400 t	1.05 元/t
	成本合计			30.73 元/t

5.3.5 浓缩液最终处置的讨论

(1)渗滤液浓缩液是污染物的高浓度聚集体,不仅难以生物处理,从回收利用的角度来看进行深度处理的意义不大,且投资花费较高。填埋库区内部自身的一系列生化反应对污染物具有一定的降解能力,但固体废弃物来源复杂,渗滤液污染负荷高,少量降解难以缓解填埋库区渗滤液盐度上升带来的问题。若直接将浓缩液回填则会导致污染物再度回到填埋堆体,污染物继续由渗滤液导出,会使得上述问题进一步加重。从经济性上考虑,每吨浓缩液蒸发固化成本为 30.73 元,费用较高。但与渗滤液产生量相比,浓缩液一般为渗滤液量的 15%~30%,与全部渗滤液进行蒸发固化的总费用相比,单独处理浓缩液花费较低。加热后最终产物几乎完全无害化,仅存留 3% 的残渣,大部分污染物随燃烧分解或转化为气体被烟气处理设备吸收。

（2）对浓缩液含固率进行抽样检测，合理控制加热过程，降低能耗。若浓缩液含固率超过一定比例，则可以直接采用固化基成分较高的材料进行浓缩液固化。一般情况下石灰投加量为浓缩液量的 28% 时即可实现浓缩液浆化，水泥则需要投加约 200%，采用石灰、水泥和粉煤灰等组成的复合固化材料，混合后密闭放置进行固化，最终进行填埋，与蒸发相比可以大幅降低处理成本。

5.4　渗滤液的减量

渗滤液产生量决定浓缩液产量，对加热系统投资运行成本起决定作用。在渗滤液最终无害化处置的同时，更应在填埋场库区设计过程中，在可操作的范围内对渗滤液产生量进行控制，降低 DTRO 系统渗滤液处理负荷，减少运营成本。垃圾渗滤液来源主要有：垃圾自身含水、垃圾生化反应产生的水和大气降水，其中大气降水具有集中性、短时性和反复性，是垃圾渗滤液的主要来源。可以针对由大气降水产生的垃圾渗滤液的减量化。

5.4.1　填埋场区设计优化

1.减少渗滤液来源

现阶段通常采用两种渗滤液产生量计算方法。一是采信历史记录中 20 年一遇降雨数据，按照连续最大三月降雨量来确定渗滤液产生量并计算调节池容积。二是对 20 年间的平均降雨资料逐月进行渗滤液产生量计算，进而确定调节池容积。一般情况下采用环保部门推荐的第一种方法进行估算，若调节池设计容积与经验值差距较大，则采用第二种方法进行校核。计算过程中应采用实验方法校核渗出系数 C，C 值的选取应充分考虑作业区与非作业区、植被区与非植被区、缓坡区与陡坡区等因素综合取值。在计算渗滤液调节池容积和处理站规模时，回喷减量不纳入考虑。对填埋场区原始相关数据进行分析，合理确定各项设计参数，减小误差，确定渗滤液系统建设规模。

填埋库区受大气降雨影响渗滤液产生量经验计算公式为

$$Q = A_{max} \times C \times H/1\ 000 \tag{5.5}$$

式中，Q 为渗滤液产生量（m^3）；A_{max} 为库区最大受雨面积（m^2）；H 为当地 20 年平均降雨量（mm）；C 为渗入系数。

则处理站规模

$$Q_L = Q/365（m^3/d）$$

正在开展作业的填埋区还未进行覆土压实，对于作业区应另列公式进行计算

$$Q_1 = I_j \times C_1 A_1/1\ 000 \times (1-i) + Q_{zL} \tag{5.6}$$

式中，I_j 为日平均降水量（mm/d）；C_1 为正在作业填埋区的雨水渗入系数，取 1.0；A_1 为正在

填埋作业的面积(m^2);i为蒸发量比例系数,取 0.3;Q_{zL}为正在作业的填埋区垃圾压实过程中自身渗出的渗滤液(m^3/d)。

废弃物本身持水,可以采用抽样检测建立模型的方法来得到含水率,则垃圾堆体的水量为

$$Q_{zL} = (I_s - I_t) \times G \qquad\qquad (5.7)$$

式中,I_s为原生垃圾的含水率(%);I_t为垃圾堆体临时封场前垃圾最初的持水率(%);G为垃圾的处理规模(t/d)。

调节池未加盖则大气降雨仍然能够直接进入调节池使得渗滤液量增加,调节池收纳水量为

$$Q_2 = I_j \times C_2 A_2 / 1\ 000 - I_p \qquad\qquad (5.8)$$

式中,C_2为雨水渗入系数;A_2为调节池收纳降水面积(m^2);I_p为日平均蒸发量(mm/d)。

将上述水量进行加权,则可以得到接近实际的渗滤液产生量,进而确定整个渗滤液系统(渗滤液导排、调节池及处理站)的设计规模。并针对各块渗滤液来源,逐一进行优化,做到减量最大化。例如按照新的环保规范对渗滤液调节池加盖封闭,就可以减去式(5.9)所列渗滤液增量。做好城镇生活垃圾分类收集,最大限度减少固体废弃物进入填埋场区前的含水量。

2. 优化场址选择

场址的确定直接关系到渗滤液减量化控制的难度及投资,对于填埋场整体横向、纵向布局设计有着重要影响。首先填埋场址应设置在地表或地下径流的分水岭反方向一侧。针对渗滤液减量,应尽量避免选择库区平面投影面积较大,平均高度较低、容积利用率低的填埋场,这类填埋场设计导致大气降雨的渗入面积大幅增加,不利于控制和减少垃圾渗滤液产生;其次填埋场不应建设在洪水和潮水淹没区、湿地、地质断裂带上和地质不稳定地区(如软土地基、高压缩性土层、易滑坡塌陷、地下有空洞等),若没有更好的场址,则该备选场址应在设计上提前考虑足够的工程保障措施;三是尽量选择地下水位较低,汇水面积小而库容量大,与河流、湖泊及供水井保持有安全距离的场址,防止径流水倒灌。

3. 分区分期建设

在项目选址时不能盲目地选择库容大、填埋时间长的场址,应根据项目所在地人口规模以及人口自然增长及垃圾产生量情况分阶段进行分期建设,阶段性地合理确定垃圾填埋场的规模、库容。单次分期建设一般将服务年限控制在 8~10 年为宜,当填埋场设计建设服务年限超过 30 年,或者因地形地貌等因素有利于分期建设,则应进一步考虑填埋场区多个分区,进行分区分期建设。在场区平面设计上,一是采用竖向分期,对于自然地形较陡、库底面积较小,垃圾堆体封场后呈现较多阶梯状的填埋场宜采用竖向分期。二是水平分期,对于自然地形较平坦、库底面积较大,垃圾堆体封场后呈现较少阶梯状的填埋场

宜采用水平分期。

4. 完善库区排水系统

填埋场截洪沟的主要作用是最大限度将降水形成的径流或地表水拦截在场外或引出场外,减少边坡区域和作业区域的大气降雨进入垃圾堆体转化成垃圾渗滤液。一是在填埋场周边沿等高线设置截洪沟,将填埋作业区以外部分的大气降雨及外部径流拦截在填埋库区之外。截洪沟为库区永久性设施,截洪沟排水量应按其汇水面积进行水文计算确定。二是设置库区排水设施,根据填埋场作业区域的划分和填埋区的深度,可在填埋场使用初期未填埋垃圾的区域和高度上设置临时排水沟将未受垃圾污染的雨水分离出来,以减少初期渗滤液的产生量;对于已完成填埋并最终封场的区域,应在斜坡坡底处设置雨水沟,最大限度减少进入垃圾堆体的地表水量,从而减少垃圾渗滤液的产生量。

5. 垃圾堆体压覆

对填埋场作业区及时进行最终覆盖可以减少垃圾填埋堆体的受水面积,从而减少渗滤液的产生量。在设计中将填埋作业区域进行合理划分。在划分填埋单元时尽量做到当天填埋即完成覆盖,其次是依据地形让整个填埋作业面尽快实现最终覆盖条件。最终覆盖层一般由排气层、防渗层、排水层、植被层组成。

6. 填埋场防渗与地下水导流

根据填埋场区地质条件和水文情况,填埋场的防渗可分为水平防渗和垂直防渗两大类。前期的地勘工作应认真做细,切实确保土层综合防渗系数达标,并且避免场区下方出现重要的饮用水地下水源,因地制宜地确定防渗工程方案。填埋场防渗层可以防止渗滤液渗入地下污染地下水,并且阻止地下水侵入填埋场而增加渗滤液产生量。应在填埋场区底部设置地下水导流系统,当出现地下水水位高于填埋场底部时,将地下水排出场外防止顶托人工防渗层。

5.4.2　运行阶段的优化

严格按规范规程,加强填埋作业管理。填埋应采用分单元、分层作业,填埋单元作业工序应为卸车、分层摊铺、压实,达到规定高度后应进行覆盖再反复压实。每层垃圾摊铺厚度应根据填埋作业设备的压实性能、压实次数及垃圾的可压缩性确定厚度,且宜从作业单元的边坡底部到顶部摊铺,保证垃圾堆体的压实密度等指标满足规范的要求。设置专人对运营期的回喷回灌进行管理。分区填埋减小填埋单元。填埋作业时,应根据每天的垃圾填埋量尽量减小填埋单元,不进行作业的区域应做好雨水临时导排措施,当日填埋的垃圾,应及时覆土或用薄膜遮盖,最大限度减少进入垃圾堆体的雨水量。及时封场。对于满足封场条件的区域应及时封场,避免雨水渗入导致垃圾渗滤液的产生量增加。

5.4.3 减量化的讨论

实验所在地生活垃圾填埋场通过对库区分区建设,按投影面积计算,库区过雨面积比一次性建成减少40%;在原设计的基础上沿锚固平台增设两条截洪沟,虽增加部分土建费用,但有效截留高程较高区域的来水,在运行初期使得进入库区的雨量减少近50%;由于设置截洪沟进一步夯实了锚固平台,增强了边坡的稳定性。在下一步改造中,对渗滤液调节池将加盖处理,不仅减少逸出臭气对周边环境的影响,更可以避免调节池直接收纳大气降雨导致渗滤液增加。经过实际观察,渗滤液减量化设计可以有效增强填埋场渗滤液处理系统运行经济性,并提高坝体、边坡安全性。

5.5 本章小结

1. 提高环境温度降低液体黏度可以提高 DTRO 运行效能

黏度会随温度的改变而产生显著变化,相对而言受压力变化而产生改变的影响较小。当温度改变时,渗滤液原液中水的动力黏度和运动黏度也会随之改变。温度升高,则液体黏度减小,液体层级之间的切向应力也相对减小,RO 膜片表面溶液边界层的透过系数升高,使得渗透压下降。小试实验中渗滤液温度由 14 ℃升高至 22 ℃,一级 DTRO 运行压力由 56.2 bar 下降至 49.5 bar,运行压力变化逐步平缓。这说明系统运行在适宜的温度区间,可以大大提高 RO 膜的分离性能。

2. 渗滤液可以利用 LFG 进行加热

云南省西北部青藏高原地区采用 MBR 工艺的某生活垃圾填埋场,通过利用太阳能系统加热渗滤液,对缓解生物反应段菌群受低温冲击,提高卷式膜的产水效率有一定效果。LFG 作为填埋场废气,具有可燃烧、热值高的特点;利用纵向布置的气体收集系统,可以将 LFG 回收利用,LFG 产气量可以采用 IPCC 模型估算。经计算,该生活垃圾卫生填埋场稳定运行后可以产生约 5 000 m^3/d 的废气,将 LFG 回用燃烧约可产生 10^5 MJ/d 的热量。若利用集气柜进行存储,可以确保为填埋场渗滤液处理系统稳定供热。

3. 利用 LFG 采用蒸发固化的方式处置浓缩液

渗滤液浓缩液污染物浓度远高于渗滤液本身,从有机污染物主要构成来看难以采用生物方法进行处理,借助渗滤液加热系统进行喷淋蒸发,蒸发后仅剩下约3%的沉渣,对渗滤液实现完全无害化处置,并消除回灌对填埋场区盐度堆积产生的影响。浓缩液蒸发固化单位运营成本为30.73 元/t。缺点是建设运营费用较高,含固率较高的浓缩液也可以采用复合固化材料进行密封固化,可以大幅降低成本。

4. 优化库区平面设计可以有效降低渗滤液处置量

库区分区建设、增加截洪沟和渗滤液调节池加盖是最简单有效的渗滤液减量化措施。可以大幅减少由于大气降雨产生的渗滤液量。

第6章 DTRO 渗透压控制及膜清洗机制优化

6.1 渗透压增长规律及污染分布研究

6.1.1 渗透压的增长规律

DTRO 系统采用特殊的敞开式流道,在膜片表面形成湍流式的流态,具有不易被污染的特点。但填埋场废弃物来源难以控制,垃圾渗滤液污染物成分极其复杂,浓缩分离后渗滤液中所含的有机物、胶体、金属氧化物和细菌微生物等物质聚集在膜的浓液一侧,必然会造成膜污染。膜污染会阻碍清水的透过能力,增加盐的透过率,使膜分离效率下降。膜面污染的无机物质主要是 S、Si、Ca、Fe 和 Al 的化合物,有机物质是烷基烃类、氯代烷类和酯羟基类化合物。

10 月 5 日~12 月 30 日期间,分别于 11 月 3 日、11 月 13 日、12 月 1 日、12 月 8 日、12 月 29 日进行了 5 次化学清洗,系统净水回收率为 71%。膜的清洗方式主要为冲洗和化学清洗。清洗剂分为酸性和碱性两种,均为专用的清洗剂,碱性清洗剂的主要作用是清除脂肪、腐殖酸等有机物的污染,酸性清洗剂的主要作用是清除铁盐、碳酸盐等无机物污染。在此次生产性实验中,DTRO 中膜的清洗方式包括冲洗和化学清洗。化学清洗采用先碱洗后酸洗。碱洗时 $11 < pH < 12$,酸洗时为 $3 \sim 4$。在有条件的情况下,进行停机反冲洗,清水由清水箱供给。清洗前后一级 DTRO 压力变化情况见表 6.1。

表 6.1 清洗前后一级 DTRO 压力变化情况表

日期	压力/bar						压力平均值/bar
	1	2	3	4	5	6	
10/5	31.02	31.12	30.82	30.87	30.96	31.37	31.03
10/10	39.92	36.34	35.07	34.58	34.41	32.84	35.53
10/15	36.60	36.46	36.66	36.75	37.47	34.72	36.44
10/20	35.58	36.57	36.75	36.57	36.49	36.46	36.40
10/25	39.96	39.38	39.27	39.38	39.21	39.18	39.40

续表6.1

日期	压力/bar						压力平均值/bar
	1	2	3	4	5	6	
10/31	41.20	41.29	41.38	41.89	42.01	42.51	41.71
11/2	42.10	42.52	42.86	43.00	42.90	44.01	42.90
11/3	11月3日化学清洗						
11/4	38.22	38.05	38.08	38.19	38.92	38.98	38.41
11/7	38.02	38.66	38.84	38.92	38.96	38.06	38.58
11/10	39.41	40.54	40.05	40.83	40.57	39.9	40.22
11/12	42.45	42.53	42.82	43.03	43.06	42.69	42.76
11/13	11月13日化学清洗						
11/14	37.93	37.44	37.65	37.81	38.12	37.61	37.76
11/20	43.00	43.75	43.52	43.87	44.16	44.47	43.80
11/25	43.68	42.97	41.72	41.7	43.37	43.32	42.79
11/30	47.28	47.63	48.5	48.18	48.47	49.07	48.19
12/1	12月1日化学清洗						
12/2	42.10	42.25	42.27	42.01	42.09	42.11	42.14
12/4	44.59	45.05	45.28	45.75	45.54	46.01	45.37
12/5	46.68	45.54	46.61	45.89	45.6	46.65	46.16
12/7	49.51	49.77	49.39	49.97	49.96	50.42	49.84
12/8	12月8日化学清洗						
12/9	42.82	42.74	42.71	42.56	41.93	42.42	42.53
12/16	46.01	46.18	46.44	46.51	46.5	47	46.44
12/21	47.89	47.77	47.51	47.22	47.95	48.32	47.78
12/28	50.81	50.93	50.95	51.79	52.23	52.2	51.49
12/29	12月29日化学清洗						
12/30	43.61	43.84	44.3	44.42	45.05	46.43	44.61

化学清洗对膜压力的影响示意图如图6.1所示。

由图表可知,膜系统逐次经过化学清洗后,运行压力出现大幅下降,说明清洗可以有效降低膜阻,提高膜通量。但随着渗滤液原液电导率的持续上升,以及运行期间温度的变化,一级DTRO运行压力仍保持持续上升的趋势。5次清洗前后压差分别增加4.5 bar、5 bar、6.05 bar、7.31 bar、6.88 bar,压差随着运行压力的提升而升高,并且呈现清洗频率愈发频繁的趋势。在增加预处理和调节运行温度的基础上,为延长膜片使用寿命,并控制运行能耗,需要对清洗进行分析优化。

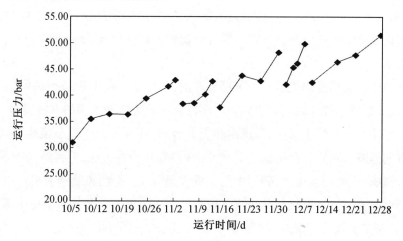

图 6.1　化学清洗对膜压力的影响示意图

6.1.2　膜污染的分布

膜污染是由于膜的表面形成了附着层和膜孔被堵塞导致的。为了避免膜污染,针对不同水质及用途,DTRO 系统采用的 RO 膜片有多种结构形式,处理渗滤液-高浓度有机废水一般采用的是八角形膜片,这与 RO 膜片边缘部分承压能力有关。DTRO 膜片形式如图 6.2 所示。

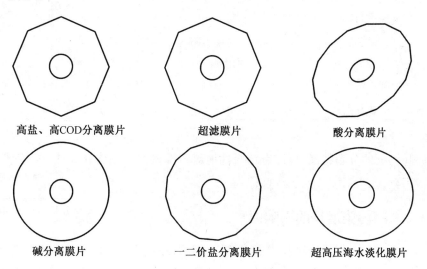

图 6.2　DTRO 膜片形式

渗滤液从 DTRO 膜柱外壳内侧进入 RO 膜系统,透过膜片后从膜柱内侧排出,总体上沿从进口到出口的方向,RO 膜表面污染物总量逐渐增多;膜柱按照串联方式布置,同一功能区内的膜柱受污染程度也会按排列顺序递减。运行一段时间后,从 DTRO 膜组中取出任意 RO 膜片,可以看到膜片整体呈黄褐色,膜片边缘处污染较严重,有褐色污染物附着;膜片与水导流盘上分布的凸点接触处呈深褐色,并由内向外呈放射状,这是由于高压下扰流引起局部接触点压力升高所致。膜片背面污染程度较轻,颜色为浅黄色,污染主要集中在边缘部分。

渗滤液由于水力梯度作用紧贴 RO 膜片表面,延导流方向即边缘到内侧的方向透过膜片排出,因此总体上膜片表面的覆盖物浓度也是按从边缘到内侧的方向递增。其中,有机污染物由于浓缩沉积速度较快,呈现出相反的分布,在膜外侧边缘就发生沉降吸附,浓度沿导流方向递减。对膜片污染情况观察分析可知,在膜片边缘部分颗粒物在有机污染物外侧,附着在有机物覆盖层上,膜片中间位置大部分无机分污染物被有机污染物包裹或覆盖,最后到内侧出口处,有机污染物将无机污染物完全覆盖。无机污染物由于沉积速度较为缓慢,需要在渗滤液浓缩液一侧难溶盐超过其浓度积后,接触膜表面发生沉降吸附。而有机物则在接触到膜片表面时就被吸附沉降。因此表现为从边缘到中心,从以有机物污染为主逐渐转化为无机物与有机物混合污染。到中心位置后由于浓缩分离有机污染物大量积存,将无机污染物包覆。膜污染分布特征分析见表 6.2。

表 6.2　膜污染分布特征分析

污染物种类	污染机理	主要截留位置
胶体	胶体脱水聚合,电吸附及颗粒物沉淀	膜片边缘
微生物	微生物黏附生长	膜片表面
有机物	有机分子吸附	膜片表面
难溶盐类	结晶吸附	膜片内侧
金属氧化物	阴阳离子饱和	膜片边缘
聚合硅沉淀	结晶吸附	膜片内侧
阻垢剂	沉降吸附	膜片内侧

掌握膜污染的分布特征,可以有针对性地对清洗机制提出优化方法,尤其是降低 RO 膜片边缘污染,减少对膜片的永久性损伤。

6.1.3　膜污染增长的影响因素

膜污染是在长时间运行中积累形成的,一般 DTRO 膜通量低于系统初始运行通量的 85%,即认为膜组被污染。渗滤液溶质化学特性、污染物组分、膜系统运行参数都会影响到 RO 膜片污染程度和累积速度。渗滤液与膜片接触的过程中,溶液中所包含的微粒、胶体粒子或溶质大分子与膜片存在物理、化学或机械作用,在膜表面或膜孔内发生吸附、沉积,由此造成膜孔径变小或堵塞,膜的透过流速、盐的截留率、截留分量以及膜的孔径发生了变化称为膜的污染与劣化。膜的污染指的是在膜表面形成了附着层或者膜孔堵塞等外部因素而导致膜性能的变化。膜片的污染与劣化两者之间有着本质的区别,膜的劣化是膜的本身发生了不可逆转的变化导致性能变化。在实际设备运行过程中,如果膜组件的脱盐率过低,应判断其有膜面损坏而漏盐的可能性。导致膜的劣化原因可以分为化学、物理及生物三个方面。DTRO 采用醋酸纤维–聚酰胺复合膜片,具有物理化学性质较稳定,承压、耐温极限较高的优点,但仍然会随运行时间的增加出现劣化。主要有以下几个方面:

(1)料液流速。速度梯度是渗滤液原液与膜片接触的主要作用力,流态、流速的大小都会影响膜污染程度。料液的流速从外侧逐步下降导致水体剪切力降低,不利于削减膜表面沉积层和减缓浓差极化,导致膜污染增加。

(2)运行压力。若操作不当,系统运行压力过高,可能导致膜结构的致密化使得膜性能下降,膜片内部的承托层也可能由于压力过大而失效,使净水出流道堵塞。

(3)膜结构。DTRO 的膜片层叠结构增加了料液与膜片的接触面积,膜片表面光滑有利于降低切向应力,膜片压盘凸点提供扰流增加比表面积,但容易阻挡流体在膜片上产生点状污染。

(4)污染物浓度。渗滤液污染物浓度高,污染成分复杂,且水质变化快,在膜分离中难以针对水质变化实现有效的过程控制,有机污染物及蛋白质会由于静电作用迅速在膜片表面形成吸附,造成污染。

(5)环境温度。环境温度下降导致的水黏度上升,进而渗透压力增加影响到对大颗粒物质的分离能力。较高压力会使得原本沿切向流走的大颗粒物质,对膜表面孔隙造成进一步的堵塞。若是在较高的操作温度下,尤其是清洗过程中,水温过高有可能使膜材料发生水解或氧化反应或促进膜结构的致密化等现象发生。

(6)在预处理过程中对渗滤液 pH 进行调节,可以有效改善膜系统运行性能,但 pH 的调整会改变蛋白质的带电状态,若大分子物质浓度较低,也容易迅速产生表面吸附。进水组成成分、膜材质、运行方式等因素而具有不同的特点,任何反渗透膜都需要在一定的酸碱性、压力和温度允许条件范围内进行操作,才能使膜性能得到保证。如果料液中的 pH 超出了膜的允许范围,可能导致膜的化学劣化发生。

(7)细菌污染。细菌、真菌和其他微生物组成的生物膜对膜片本身有降解能力,一是酶作用,二是还原电势作用,导致膜聚合物或其他 RO 单元组件被分解。

因此,在诸多运行参数中,料液的 pH 以及系统的压力、温度都是膜劣化的主要影响因素,也是可控参数,对 pH、压力、温度的优化直接与 RO 膜片使用寿命、系统运行经济性相关。

6.1.4　减缓膜污染方法的讨论

总的来说,膜污染程度还与膜材质,大分子溶质浓度、性质,膜与料液的表面张力,料液与膜接触的时间,料液中微生物的生长状况,膜的荷电性和操作压力等有关。在运行过程中,有机污染物和无机污染物之间的交替作用,使得污染层的厚度不断增加,膜污染加剧,同时浓差极化等因素,又使得膜污染过程得以加速。膜污染是一种累积的污染,需要有针对性地选择清洗剂进行清洗。DTRO 与其他膜结构相比,相同体积的膜柱中,原液与膜片有更大的接触面积,且承压能力更高,膜柱内流速较快,不易被污染。pH、温度、清洗时长和清洗剂类型是影响 DTRO 膜组清洗效果的主要因素。根据具体原因采取相应的对策,可以使膜性能得到恢复。

6.2 清洗过程的优化

6.2.1 实验设计

膜系统清洗主要分为物理清洗、化学清洗和生物清洗,物理清洗一般采用系统分离所产净水以高速冲洗膜表面,水量不足时以外接纯水作为补充,或者气液混合的高速气液流喷射清洗,去除膜面上结垢,实现膜通量恢复。常见方法主要有:定向冲洗、交叉流冲洗、气体冲刷等。化学清洗是使用配比后的化学药品溶液作清洗剂,通过化学反应脱除膜表面的污染物。当机械清洗或者物理清洗的效果不理想时,可采用化学清洗法清除膜面上的污染物。许多化学试剂对去除污垢和其他沉积物都非常有效,常用的清洗剂有酸、碱、表面活性剂、酶清洗剂和复合清洗剂等。生物清洗则是使用生物清除剂去除所有活的微生物,一般与化学清洗同时进行。

(1)按照 Pall 公司提供的清洗配方,控制好清洗剂的浓度和 pH。清洗剂在使用时均稀释到 5% ~ 10%。碱性清洗主要清除有机物的污染,控制 pH 略低于 12,但不得超过12;酸性清洗时主要清除无机物的污染,pH 控制在 3 ~ 4。

(2)采用多级清洗,即碱性清洗和酸性清洗交替使用,清洗剂的使用顺序是碱性清洗先于酸性清洗。

(3)分段清洗,第一级和第二级 DTRO 分别清洗,清洗第二级单元膜组件时,关闭第一级 DTRO 单元。

(4)控制清洗水温,清洗结束时系统水温须达到 40 ℃。

(5)清洗方向和运行方向相同,不允许反向清洗。

在常温条件下,运行压力为 40 bar,DTRO 进行连续反冲洗,设定单级 DTRO 回收率为90%,记录出水 90 L 的时间。

膜通量的计算方法如下:

$$J_v = F_w / (St) \tag{6.1}$$

式中,F_w 为产水量(L);S 为膜面积(m^2);t 为过滤时间(s)。

6.2.2　物理、化学清洗效果对比

物理清洗利用高速水流产生的切应力冲刷膜表面去除沉淀吸附物,化学清洗则利用化学物质与膜表面的污染物发生化学反应。实验中 RO 膜组原始通量约为 25 L/(h·m²),每次检测间隔 20 min,两者清洗效果对比如图 6.3 所示。

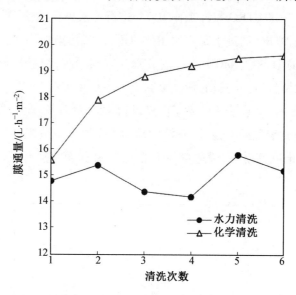

图 6.3　物理清洗与化学清洗效果对比

只进行水力冲洗膜通量变化不明显,在过程中还出现了小幅的下降,出现这样的结果相信是带电吸附与结晶吸附使膜面污染物与膜结合比较紧密,经过水力冲刷,使得污染物进一步吸附,仅靠水力冲刷作用很难将其去除。要有效地去除膜面污染物,需要对膜面污染物进行化学清洗。进行化学清洗后,膜通量从 15.6 L/(h·m²)提升至19.6 L/(h·m²),运行压力也随之下降,说明化学清洗是最有效的膜清洗方式。

物理清洗由于只是利用高速水流的物理冲击冲刷膜表面,因此不产生二次污染,操作简单,成本较低,但冲洗效果一般,对吸附力较强的污染形式难以清除。化学清洗效果去除污染效果好,但除垢剂和清洗剂本身会产生二次污染,投加工作程序和温度对管理水平要求较高,且成本较高,并且清洗会导致膜片不可逆的损伤,是影响膜片使用寿命的主要原因。部分新建小型生活垃圾填埋场,由于初期垃圾组分中高浓度有害污染物含量低,经过砂滤等预处理后,进入 RO 膜组的污染物以体积较小的颗粒悬浮物和有机质为主,相比复杂化合物,对膜片表面吸附力较弱,RO 膜片污染负荷较低。因此可以对初期渗滤液处理设施运行情况进行分析,统计膜污染负荷增长规律,调整清洗频率,并交替实施物理清洗和化学清洗,延长膜片使用寿命并降低成本。

通过实验分析,在环境温度适宜,并且渗滤液水质稳定的前提下,该生活垃圾填埋场可以将化学清洗周期延长 1.5 倍,在每两次化学清洗过程中,增加一次物理清洗。DTRO

清洗均为系统自动控制,上述操作需要管理人员手动设置,若发生劣化,则再恢复设备默认设置。

6.2.3 清洗时间的优化

清洗周期取决于原水中的污染物浓度和组分,DTRO膜组的清洗由系统自动控制,也可手动操作。目前,一级DTRO累计工作100 h进行一次碱性清洗,累计工作500 h进行一次酸性清洗;二级DTRO的进水是一级RO的透过液,污染较小,需要清洗的时间间隔更长。使用稀释后的H_2SO_4、NaOH清洗液分别注入膜系统,交替进行清洗,清洗完成后对膜通量进行检测,清洗时间与膜通量恢复关系如图6.4所示。

清洗时间在2 h内,膜通量恢复速度较快,随着时间的延长,膜通量进一步恢复,增长速度逐步平缓,考虑到清洗经济性,以及清洗对RO膜片本身造成的损害,浸泡清洗时间在1.5~2 h最佳。若在清洗后,膜通量不正常上升,并伴随脱盐率下降,则说明系统内有RO膜片已损坏。

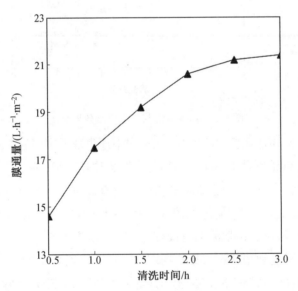

图6.4　清洗时间和膜通量恢复关系

6.2.4 清洗温度的优化

对清洗设备进行温度调整,初始环境温度为13 ℃,逐步提高清洗温度,膜通量恢复情况如图6.5所示。

膜通量在15~25 ℃的区间内恢复速度最快,温度低于15 ℃清洗效果较差,这与反渗透膜在低温运行情况下,液体黏度升高有关。清洗效果的上升可以延续到$t=40$ ℃,当$t>25$ ℃,膜通量恢复较为平缓,对清洗效果的优化效果不大。原厂建议清洗温度40 ℃,相信是由于DTRO所采用的复合膜片具有较高的承压耐温性能,高温对有害菌群的去除

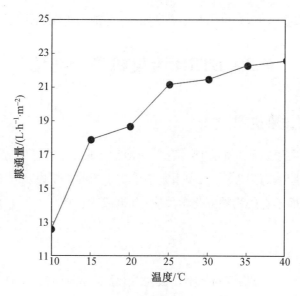

图 6.5　清洗温度和膜通量恢复关系

效果较好。从长期运行保护膜片、降低成本的角度考虑,在项目运行初期可以适当调整清洗温度。参考项目所在地常年气温,将清洗液加热到 25 ~ 35 ℃之间,不仅可以取得相对满意的清洗效果,也可以有效降低清洗能耗。

6.2.5　洗脱液处置及清洗改良的讨论

清洗过程中产生的洗脱液重新泵入渗滤液处理流程,实现清洗后污染零排放。与传统卷式膜相比,DTRO 清洗过程中产生的浓缩液量较少,但清洗液量逐步增加仍会提高系统的运行负荷,应进一步考虑清洗液减量的方法。

1. 新型清洗方法

对于普通卷式膜,由于膜材料本身机械强度较低,冲刷水力压强过高容易导致膜损坏,水流推力小则清洗效果不佳。气液混合冲洗是一种新的清洁方法,DTRO 膜片以及碟管膜柱拥有较高的机械强度,最高可承受 160 bar 的运行压力,可以直接使用高速高压气液混合流体冲刷到壳体内部。在冲洗过程中,高温空气加压冲入液体中形成气泡,从而形成更为快速的湍流,普通物理清洗难以去除的膜表面污垢被更高速的湍流清除。与物理冲洗相比,气液混合冲洗的优点在于气液混合物泵入压力相对减小,能耗随之降低,并且冲刷净推力更高。现阶段有实验已经表明在反冲洗过程中,气液混合冲洗对去除膜表面结垢非常有效,可以作为常规物理清洗的替代方法,减少洗脱液的产生。DTRO 膜组一般只进行正向冲洗,膜组下端部分的清洗效果有待进一步实验验证。

2. 洗脱液的处置

由于清洗液主要为 H_2SO_4 或 NaOH,清洗后产生的浓缩液的 pH 一般会小幅升高,仍属于酸性、碱性高浓度污染物,可以与生石灰混合,并加入水泥固化后回填。

6.3 DTRO 污染机理及防治

6.3.1 主要污染机理

膜的污染主要在于以下 5 个方面。存在于溶液中的胶体颗粒在膜表面上沉积;微溶的有机或无机盐在膜表面附近沉淀;膜系统中生物生长的积累以及附着在膜的表面;溶液中某些组分与膜表面本身的物理或化学反应;有机或无机成分絮凝形成大的不溶性聚合物沉积在膜表面上。

1. 有机胶体污染

在 DTRO 系统中,有机物沉降吸附较快,在边缘部分即形成覆盖层,并沿边缘到中心部分覆盖物逐渐增加,与其他污染相比,有机物污染对膜通量下降影响最大,在运行初期是产生膜污染的最主要污染来源。从污染机理上看,由于电荷的相互排斥,有机物分子间距增大使得悬浮的絮体尺寸变大,许多大颗粒物质和细菌吸附有机物,使得有机物一同被膜截留。有机物在膜面吸附主要是憎水相互作用。在水相环境中,非极性分子具有避开水而相互聚集的特性,因此水和憎水物的疏水基相互排斥使得有机物发生吸附。憎水相互作用为蛋白质的折叠提供了主要的推动力,蛋白质的结构和性质使疏水残基处在蛋白质分子的内部。蛋白质等有机物因为该作用在膜面吸附形成凝胶层,增加水分子通过的阻力,从而导致膜通量下降。

2. 无机结垢

渗滤液经过预处理主要污染物并未被去除,膜两侧渗滤液与透过液污染物浓度差别巨大。由于高度浓缩处于近饱和状态,金属氧化物逐步转化结晶沉淀,Ca^{2+}、HCO_3^-、CO_3^{2-}等在膜表面附近富集并且离子积达到溶度积,就会在膜表面结晶,沉积物形成无机结垢。膜系统产水效率随着运行时间的增长而逐渐降低,总体来看无机结垢导致的膜通量下降相对缓慢而平稳,呈现先快后慢的趋势。污染加剧导致结垢加重,膜通量随着垢层累积变厚而大幅下降,当垢层完全覆盖整个膜表面,产水率会因此降为零。无机结垢对反渗透膜的脱盐能力也会产生影响,这是由于无机垢层附着在膜片表面,粗糙度增加使水流切向应力降低,对浓差极化导致的沉淀层的削除能力也随之下降,该边界层离子浓度增加,导致脱盐率下降。

3. 生物污染

高浓度污染物带来大量营养,使 DTRO 膜组件内部成为微生物生长的理想环境,若生物杀虫剂未投加或投加量不足,就会造成微生物黏附在膜表面边界层大量成长繁殖。数量巨大的微生物群积聚在膜与水的边界层内,从而降低膜的分离性能。生物膜细菌老化后会分解为多种大分子物质,例如蛋白质、核酸、多糖酯等,这些物质会引起膜表面改性,膜表面出现改性后更容易吸引其他种类的微生物,进一步增加生物膜层的厚度。微生物对环境的适应能力很强,若渗滤液组分、污染物构成和模体结构环境发生变化,微生物会迅速改变自身性状及物理状态,继续吸附在膜表面。杀菌效果会持续减弱,这是因为有机物提供了大的表面积供微生物生长,促进微生物在垢体内的生长,使杀菌作用减弱。生物污染不仅仅造成膜污染,更会因为对膜片的改性导致膜的劣化。如果渗滤液原液中的生物活性水平较高,则更加容易导致膜的生物污染。

4. 电性吸附

当 pH 在 6～8 范围内,RO 膜表面带负电。水中的金属阳离子如 Fe^{3+}、Al^{3+}、Ca^{2+} 等以及带正电的胶体颗粒被带负电的膜表面在静电引力作用下吸附,在膜表面区域被截留。黏土颗粒由于主要成分是 SiO_2 带负电荷,与金属阳离子和带正电的胶体颗粒相互之间发生静电作用,进一步在膜表面沉积。由于 SiO_2 是黏土颗粒的主要成分,使得黏土颗粒带负电,并且与金属阳离子和带正电荷的胶体颗粒的静电作用,被吸附沉积在膜的表面区域。带负电荷的有机物质和细菌吸附在膜表面上,形成带负电荷的黏液层。膜水中的离子,特别是高价离子,被反渗透膜捕获并浓缩,增加了边界层浓度。负电荷使膜水中的阳离子和阳离子胶体进一步吸附在膜表面上,使得阳离子形成可溶性盐或难溶性盐的阴离子也被吸附在膜表面上,膜表面上出现污染物层。

5. 浓差极化

在 RO 膜片分离过程中,净水在渗透压的作用下透过膜,溶质被膜片截留浓缩,随着膜片与液-膜交界面或临近交界面区域浓度越来越高,在浓度梯度作用下,溶质又会由膜面向溶液扩散,形成边界层,使流体阻力与局部渗透压增加,从而导致溶剂透过通量下降。当溶剂向膜面流动引起溶质向膜面流动速度与浓度梯度使溶质向本体溶液扩散速度达到平衡时,在膜面附近形成一个稳定的浓度梯度区,这一区域称为浓差极化边界层,这一现象称为浓差极化。浓差极化是引起膜表面形成附着层的重要因素,而悬浮物或者水溶性大分子在膜孔中受到空间位阻则会导致膜孔的堵塞。溶液中阳离子与有机物负电荷基团相结合,提高了被截留概率,阳离子以及带正电胶体物质在膜表面被吸附截留,又会促进膜表面对有机物和微生物等带负电物质的吸附,形成一层生物膜,浓差极化现象会加速这一膜污染的形成过程。浓差极化严重时,会导致膜表面难溶盐因浓度达到它们的溶度积而结晶析出,造成反渗透膜的结垢污染,使膜的脱盐率下降。当有机溶质在膜表面达到一定浓度有可能对膜发生溶胀或溶解恶化膜的性能。

6.3.2　膜污染防治的讨论

减缓膜污染和劣化主要可以用以下几种方法:①对进水或膜系统加入预处理;②定期

进行膜清洗;③运行过程中及时对系统进行性能评估;④建立模型进行污染预测。普通两级 DTRO 的膜污染防治主要措施:强化过滤预处、投加硫酸降低 pH、投加阻垢剂。DTRO 系统一般采用砂滤、保安过滤器进行简单预处理,添加阻垢剂防止结垢并进行周期性的清洗(水力冲洗和化学清洗),但前提是原液电导率不能过高,并且随运行时间逐步降低净水回收率。预处理包括调节 pH 和使用络合剂使微溶的盐和金属离子化,将颗粒物粗过滤截留,以及添加消毒剂控制微生物生长。这些预处理方法是为了将溶液中产生结垢的物质去除,防止或使膜表面的污染物沉积最小化。但在实际操作中对溶液中的化学物质无法完全去除。选择预处理可以利用渗滤液的几个参数进行评估,包括含固率(SDI)、浊度、电导率、紫外吸光度、BOD 和 COD 等,综合考量选取合适的预处理。例如混凝、Fenton 氧化等方式,可以快速降低 SS,减少胶体颗粒和有机物对 RO 膜的污染负荷,削减溶液中化学物质浓度。在膜分离过程中,当膜通量下降到某个数值时,系统就进行周期性清洗。但任何清洗都无法完全恢复膜的初始通量,并且清洗效果随着膜使用时间的增长越来越差。因此清洗方法不仅针对特定的污染类型选择清洗剂,还需要与膜材料和结构形式相匹配。

1. 化学清洗剂的选择

化学清洗剂包括碱性洗剂、酸性洗剂、表面活性剂、络合剂清洗剂、聚电解质清洗剂、消毒剂清洗剂、有机溶剂清洗剂、复合型药剂清洗剂等。清洗剂的选择应根据膜污染物类型、污染程度,以及膜的物理和化学性能来进行。清洗剂可以单独使用,也可复合使用。化学清洗剂中,强碱主要是清除油脂和蛋白、藻类等的生物污染、胶体污染以及大多数有机污染物,无机酸主要清除碳酸钙和磷酸钙等钙基垢、氧化铁和金属硫化物等无机污染物,络合剂主要是与污染物中的无机离子络合生成溶解度大的物质,从而减少膜表面及孔内沉积的盐和吸附的无机污染物。为了去除诸如硅酸盐等特别难去除的沉积物,碱清洗剂常和酸清洗剂交替使用。因此,应该周期性对膜污染情况进行监测,针对有机污染、无机结构和微生物污染选择相对应的清洗剂进行清洗。

2. 清洗温度的最优化

一般情况下 DTRO 运行规定的温度是 5 ~ 40 ℃之间。在此区间内的清洗性能也相对要好,DTRO 复合膜片对温度承受能力较强,清洗时,温度越高越有利于清洗,在 40 ℃左右最佳。清洗温度太低则水黏度过高,温度过高则会导致膜片劣化速度加快。并且温度高会使沉积物某些组分的溶解度下降,降低清洗效果,还会因蛋白质变性和破坏而加重吸附层的污染。因此在正常工况下,建议清洗温度为 25 ~ 35 ℃,若影响到杀菌效果,可以在清洗过程中投加一定量的除菌剂。

3. 减缓浓差极化

浓差极化与系统流体流态具有函数关系,可以建立预测模型,通过控制流量来减少浓差极化。降低浓差极化可以采取保持水平(切向)进料流动湍流。增加的交叉流动减小了层流边界层的厚度,从而增加了溶质向进料流的反向扩散的相对量。扩散回到流体内部的溶质越多,在膜表面积聚得越少,从而减缓浓差极化的出现。其他方法还包括加入适当的预处理工艺降低初始溶质浓度,针对渗滤液污染物特性选择更为合适的膜片,以及提高物理清洗和化学清洗的频率。

6.4　本章小结

1.化学清洗膜通量恢复较快但影响膜片寿命

化学清洗可以有效降低膜阻,提高膜通量;但随着渗滤液原液电导率的持续上升,以及运行期间温度的变化,一级 DTRO 运行压力仍保持持续上升的趋势。清洗前后压差随着运行压力的提升而升高,并且随着运行期呈现清洗频率愈发频繁的趋势。物理清洗由于只是利用高速水流的物理冲击冲刷膜表面,因此不产生二次污染,但对吸附力较强的污染形式难以清除,经过水力冲刷,使得污染物进一步吸附,仅靠物理清洗作用很难将其去除。进行化学清洗后,膜通量从 $35.6 \text{ L/h} \cdot \text{m}^2$ 提升至 $39.6 \text{ L/h} \cdot \text{m}^2$,运行压力也随之下降,说明化学清洗是最有效的膜清洗方式。用稀释后的 H_2SO_4、NaOH 清洗液交替进行清洗,清洗时间在 2 h 内,膜通量恢复速度较快,随着时间的延长,膜通量进一步恢复,但考虑到清洗经济性,以及清洗对 RO 膜片本身造成的损害,清洗时间在 1.5~2 h 最佳。若清洗后膜通量不正常上升,并伴随脱盐率下降,则说明膜柱内有 RO 膜片已损坏。

2.预处理是缓解膜污染和浓差极化的最佳方式

膜通量在 15~25 ℃ 的区间内恢复速度最快,温度低于 15 ℃ 清洗效果较差,这与反渗透膜在低温运行情况下,液体黏度升高导致膜分离效果降低有关。当 $t>25$ ℃,膜通量变化较为平缓,清洗效果不明显;其余参数不变的情况下,系统运行温度 $t>35$ ℃时,膜性能出现下降,建议清洗温度为 25~35 ℃。溶质向膜面流动速度与浓度梯度使溶质向本体溶液扩散速度达到平衡时,在膜面附近形成一个稳定的浓度梯度区,即为浓差极化边界层,浓差极化几乎无法避免,只能尽可能降低其对膜性能的影响。两级 DTRO 的膜污染防治主要措施为强化预过滤、投加硫酸降低 pH、投加阻垢剂。通过对膜污染结构及形成过程的研究及对 DTRO 系统设计中采用的膜污染控制措施的检验,应该充分利用混凝、Fenton 等预处理,降低胶体颗粒和有机物对 RO 膜的污染负荷,减少清洗次数,延长 RO 膜片使用寿命。

第7章 结论及建议

7.1 研究结论

通过对云贵高原地区生活垃圾填埋场渗滤液处理站运行工况展开深入观察研究,分析对 DTRO 系统处理生活垃圾渗滤液的主要影响因素,并逐一提出解决方法,得出结论如下:

(1)DTRO 的分离机理主要是浓度梯度造成的扩散和表层吸附,pH 对去除性能的影响表明 COD、BOD_5、TP 等主要受吸附作用被截留在浓液一侧,氨氮则是 NH_4^+ 由于离子键静电作用被吸附于膜表面层,并且膜对于硫酸形成的铵盐截留效果较好,两者共同作用实现氨氮的去除。在任何浓度梯度驱动的扩散体系中,物质将沿其浓度场决定的负梯度方向进行扩散,其扩散流大小与浓度梯度成正比。RO 膜片两侧料液与清水的高浓度差带来极高的浓度梯度,使得溶质和溶剂在各自化学位差的推动下,以分子扩散方式通过反渗透膜的活性层。由于膜的选择性,固、液混合物最终得以分离。按照溶解–扩散模型,物质的渗透能力,不仅取决于扩散系数,还取决于其在膜中的溶解度。溶质的扩散系数比水分子的扩散系数要小得多,因而透过膜的水分子数量就比通过扩散而透过去的溶质数量更多,使得分离效率进一步提高。当水溶液与多孔聚合物膜接触时,如果膜的化学性质导致溶剂被膜负吸附,并且水优先被正吸附,则膜将吸附一层纯水层形成膜与溶液之间的界面。在外部压力的作用下,水分子离开膜表面上的致密活性层并进入膜的多孔层。由于多孔层含有大量的毛细水,因此水分子可以平稳地流出膜,从而通过膜表面上的毛细孔获得清水。调节 pH 能够改善 RO 膜片分离性能。进水原液与主要污染物去除率存在正相关性。在 COD、BOD、TP 的去除方面,降低 pH 产生的 H^+ 透过 RO 膜排出,大量负电荷离子被膜片截留,使得膜片表面对带负电的胶体、大分子物质产生斥力,不利于膜片表面吸附。RO 膜片在吸附的初始时期,表面有大量的吸附点位可供吸附,快速的吸附能够形成表面区域的浓度差,加快负电荷颗粒物、胶体的扩散,并且空白区域有利于低分子物质、无机离子快速通过膜片排出。去除 NH_3-N,pH>7 时,液体中存在大量的 OH^-,离子态氨氮向游离态氨转化,产生的 $NH_3 \cdot H_2O$ 不易被 RO 膜片截留。溶液偏酸性时,则液体中 H^+ 较多,使得离子态氨氮转化为离子态氨,相较而言容易被截留。将 pH 调低,还可以使渗滤液中的氨与硫酸形成盐,从而提高膜对氨氮的截留率。渗滤液中 TN 与 NH_3-N 的浓度存在正相关性,溶液偏酸性使得大量游离态氨转化为离子态氨氮并形成盐,提高了

NH₃-N的去除率。pH>7,会加速结垢现象,渗透压增速升高,主要污染物去除效果初期因此也得到提升,但渗透压达到临界点后,会因为浓差极化使得污染物去除效率不升反降。DTRO系统应将进水pH控制在pH=6~7范围内,能够获得较好的去除效果,并维持较好的运行经济性。

(2)环境温度是影响RO系统产水率和脱盐能力的主要因素,可以将LFG回收利用能对渗滤液进行辅助加热,并通过蒸发固化实现渗滤液浓缩液的完全无害化。液体的黏性将力层层传递,各层液体也相应运动,形成速度梯度du/dr。黏度随温度的不同而有显著变化,但通常随压力的不同发生的变化较小。液体黏度随着温度升高而减小,气体黏度则随温度升高而增大。DTRO系统当渗滤液原液温度低于$t<14$ ℃时,运行压力进入峰值区。压力峰值区间为39.81~57.87 bar,期间跨膜压差增长较快,波动较大,化学清洗次数增加;通过描绘趋势线,峰值区间一级DTRO运行压力峰值超出正常趋势约25%。随着温度的下降,水黏度逐渐上升,导致RO膜盐透过率降低,产水通量逐渐下降,从而影响系统的运行效率。进水压力升高会使驱动反渗透的净压力升高,进而产水量加大,而盐透过量几乎不变,增加的产水量稀释了透过膜的盐分,脱盐率提高。一级DTRO运行压力峰值区间内,运行压力为51.42 bar时,脱盐率达到最高值97.73%。脱盐率上升,但系统运行经济性大幅下降。加热小试实验中渗滤液温度由14 ℃升高至22 ℃,一级DTRO运行压力由56.2 bar下降至49.5 bar,运行压力变化逐步平缓。这说明系统运行在适宜的温度区间,可以大大提高RO膜的分离性能。LFG回用可以加热渗滤液并实现浓缩液蒸发固化。利用纵向布置的气体收集系统,可以将LFG回收利用,LFG产气量可以采用IPCC模型估算。经计算,该生活垃圾卫生填埋场稳定运行后可以产生约5 000 m³/d的废气,将LFG回用燃烧约可产生105 MJ/d的热量。若利用集气柜进行存储,可以确保为填埋场渗滤液处理系统稳定供热。渗滤液浓缩液污染物浓度远高于渗滤液本身,从有机污染物主要构成来看难以采用生物方法进行处理,借助渗滤液加热系统进行喷淋蒸发,蒸发后仅剩下约3%的沉渣,对渗滤液实现完全无害化处置,并消除回灌对填埋场区盐度堆积产生的影响。但也存在建设运营费用较高的情况,该工艺可以在经济条件较好的地区应用。

(3)混凝+Fenton预处理可以缓解填埋场区盐度堆积控制渗透压增长。与RO清洗相比,预处理更有利于减轻膜污染,延长膜寿命。复合铝铁水解后的产物与水中悬浮物胶体颗粒之间,相互发生压缩双电层及电中和作用,使废水中悬浮物胶体杂质之间吸附架桥形成网状,在沉降过程中对水中的杂质颗粒又起到网扫作用,去除效果也因此得到进一步提高。聚合硫酸铁分子量大,絮凝反应速度快,沉降性能稳定,近年来多用于高浓度有机废水的混凝处理。选择投量较小时去除速度增长较快的PFS,更有利于悬浮物的去除。利用混凝对SS较高的去除能力,以及共沉淀作用使得水体中其他污染物得到分离的特点,预处理后的渗滤液,电导率由18.62 mS/cm下降至9.68 mS/cm。运行压力平均值下降了约3.2 bar。Fenton氧化中,H₂O₂投量越大,OH⁻增加量就越多,氧化效果越好;投加比增加后，H_2O_2 浓度高于 Fe^{2+}，—OH 产生速率减慢。摩尔比值低于 1 时，Fe^{2+} 浓度较高，大量的 Fe^{2+} 被 H_2O_2 氧化为 Fe^{3+}，产生的 $\cdot OH$ 被过量 Fe^{2+} 消耗，不利于有机物降解；pH 增大，H^+ 浓度降低，Fe^{2+} 转化为氢氧化物沉淀，不能催化 H_2O_2 生成 $\cdot OH$，反应活性降低，最终使其处理效果变差。而过低的 pH，易导致 Fe^{2+} 生成 $[Fe(H_2O)_n]^{2+}$ 络合物，同时 H^+ 与 H_2O_2 将生成稳定的 $[H_3O_2]^+$，进而降低 Fe^{2+} 和 H_2O_2 的反应活性，降低 Fenton 体系的氧化能力。因此，在 Fenton 氧化实验中，pH 为 4 时 COD 去除率达到最高值 63.03%；从经济性上考虑，H_2O_2 投加量为 8 mL/L 时去除率为 64.03%；摩尔比 $nH_2O_2 \cdot nFe^{2+}$ 定为 1.5∶1。氧化反应时间为 1 h，去除率即达到最大值。混凝 + Fenton + DTRO 运行成本约为 43.79 元/t，运行成本增加不多，在填埋场运行中后期成本优势将逐步显现。浓差极化几乎无法避免，只能尽可能降低其对膜性能的影响。两级 DTRO 的膜污染防治主要措施为强化预过滤、投加硫酸降低 pH、投加阻垢剂。通过对膜污染结构及形成过程的研究及对 DTRO 系统设计中采用的膜污染控制措施的检验，应该充分利用混凝、Fenton 等预处理，降低胶体颗粒和有机物对 RO 膜的污染负荷，减少清洗次数，延长 RO 膜片使用寿命。

（4）RO 寿命取决于运行压力和膜污染造成的劣化，RO 渗透压与渗滤液盐度正相关，为降低压力维持稳定的产水率，需要对 RO 膜进行周期性清洗，针对污染类型合理选择清洗药剂和清洗温度可以减轻正反冲洗对膜的损害，延长膜寿命。填埋场区渗滤液盐度随着填埋场运行时间的增加而出现盐度积存，10 个月填埋场垃圾渗滤液原液电导率由 16.14 mS/cm 上升至 31.63 mS/cm，从趋势上看总体保持不可逆的持续上升。运行压力也随之持续升高，一级 DTRO 运行压力由 35.33 bar 上升至 53.7 bar。进水含盐量越高，渗透压越大，浓度差也就越大，盐分透过率上升，从而脱盐率降低。若 DTRO 系统产生的膜滤浓缩液采用回灌方式处理，进一步加快填埋场区单位体积渗滤液电导率的升高，则 DTRO 系统的净水回收率将持续下降。渗透压与原水中的含盐量和温度有关，与反渗透膜无关。DTRO 系统的操作压力高于普通反渗透，较高的压力有利于截留氨氮。当系统进水的压力高于一定数值时，高回收率将会加快膜的污染速度，加大浓差极化，导致盐的透过率成倍上升，抵消了增产的清水量，脱盐率不再增加，且清洗愈加频繁。随着温度的升高，盐分透过膜片的扩散速率随着温度的升高逐渐加快，逐步接近或大于水透过膜片的速率，使得膜片脱盐效率降低，出水电导率随之上升。化学清洗可以有效降低膜阻，提高膜通量，膜通量恢复比物理清洗快但不利于延长膜片寿命。清洗前后压差随着运行压力的提升而升高，并且随运行期的呈现清洗频率愈发频繁的趋势。物理清洗由于只是利用高速水流的物理冲击冲刷膜表面，因此不产生二次污染，但对吸附力较强的污染形式难以清除，经过水力冲刷，使得污染物进一步吸附，仅靠物理清洗作用很难将其去除。进行化学清洗后，膜通量从 35.6 L/h·m^2 提升至 39.6 L/h·m^2，运行压力也随之下降。用稀释后的 H_2SO_4、NaOH 清洗液交替进行清洗，清洗时间在 2 h 内，膜通量恢复速度较快，随着时间的延长，膜通量进一步恢复，但考虑到清洗经济性，以及清洗对 RO 膜片本身造成的损害,清洗时间在 1.5~2 h 最佳。若清洗后膜通量不正常上升,并伴随脱盐率下降,则说明膜柱内有 RO 膜片已损坏。预处理是缓解膜污染和浓差极化的最佳方式。膜通量在 15~25 ℃的区间内恢复速度最快,温度低于 15 ℃清洗效果较差,这与反渗透膜在低温运行情况下,液体黏度升高导致膜分离效果降低有关。当 $t>25$ ℃,膜通量变化较为平缓,清洗效果不明显;系统运行温度 $t>35$ ℃时,膜性能大幅下降,建议清洗温度为 25~35 ℃。

7.2　工作建议

书中提及的工艺流程优化不再赘述,主要对生活垃圾填埋场工程设计、建设及管理提三点建议如下:

(1)填埋场应根据地质条件多次分期、分区建设,渗滤液调节池应增加覆盖设施,有效减少渗滤液产生量。

(2)浓缩液处理成本高,且不具备较高的回用价值,蒸发、固化、回填是较合理的最终处置方式。仍然采取浓缩液直接回灌的填埋场,应重视增加渗滤液预处理设施,延长处理设备使用寿命。

(3)积极开展 LFG 收集回用的设备改造,减少温室气体排放,提高填埋场运营效益。

参考文献

[1] KOŠUTI K, DOLAR D, STRMECKY T. Treatment of landfill leachate by membrane processes of nanofiltration and reverse osmosis[J]. Desalination and water treatment, 2015, 55(10): 2680-2689.

[2] SIR M, HONZAJKOVA Z. Treatment of municipal landfill leachate by the process of reverse osmosis and evaporation[J]. Fresenius environmental bulletin (FEB), 2015, 24 (6a): 2245-2250.

[3] LI F Y, WICHMANN K, HEINE W. Treatment of the methanogenic landfill leachate with thin open channel reverse osmosis membrane modules[J]. Waste management, 2009, 29 (2): 960-964.

[4] 刘研萍, 李秀金. 处理垃圾渗滤液的反渗透膜污染研究[J]. 环境工程学报, 2007, 1 (7): 101-105.

[5] 郭健, 吴家前, 冼萍, 等. 超低压反渗透膜处理垃圾渗滤液运行工艺的实验研究 [J]. 环境工程学报, 2011, 5(3): 553-556.

[6] 曾晓岚, 韩乐, 丁文川, 等. 电混凝-反渗透工艺处理垃圾渗滤液的试验研究[J]. 水处理技术, 2012, 38(9): 64-66.

[7] 李亚选, 韩谷, 李政, 等. UASB-MBR-DTRO 工艺在垃圾渗滤液处理中的应用[J]. 给水排水, 2009, 35(10): 49-52.

[8] 陈刚, 蔡辉, 熊向阳, 等. MBR/DTRO/沸石生物滤池用于垃圾渗滤液处理工程[J]. 中国给水排水, 2011, 27(16): 52-55.

[9] 高斌, 熊建英, 顾红兵. MBR/DTRO 工艺用于中老龄垃圾填埋场渗滤液处理[J]. 中国给水排水, 2013, 29(14): 38-42.

[10] 左俊芳, 宋延冬, 王晶. 碟管式反渗透(DTRO)技术在垃圾渗滤液处理中的应用 [J]. 膜科学与技术, 2011, 31(2): 110-115.

[11] 程峻峰, 郑启萍, 徐得潜. 二级 DTRO 工艺在垃圾渗滤液处理中的应用[J]. 工业用水与废水, 2014, 45(4): 63-65.

[12] 刘飞. DTRO 工艺处理垃圾渗滤液的研究[J]. 环境科技, 2015, 28(2): 25-29.

[13] 负延滨. 膜分离技术及其应用[M]. 北京: 北京林业大学, 2015.

[14] NYSTRÖM M, ZHU H H. Characterization of cleaning results using combined flux and

streaming potential methods[J]. Journal of membrane science, 1997, 131 (1/2):
195-205.

[15] 周正立. 反渗透水处理应用技术及膜水处理剂[M]. 北京: 化学工业出版社, 2005.

[16] 时钧. 膜技术手册[M]. 北京: 化学工业出版社, 2001.

[17] SHEIKHOLESLAMI R. Fouling mitigation in membrane processes[J]. Desalination,
1999, 123(1): 45-53.

[18] FLEMMING H C. Reverse osmosis membrane biofouling[J]. Experimental thermal and
fluid science, 1997, 14(4): 382-391.

[19] 赵东升. 纳滤/反渗透膜改性提高其抗污染能力的研究进展[C]. 膜法城镇新水源
技术研讨会, 2015.

[20] 程魏. 亲水改性聚醚砜纳滤膜及抗污染性能研究[D]. 天津: 天津大学, 2010.

[21] 秦嘉旭, 张林, 侯立安. 耐污染反渗透/纳滤复合膜研究进展[J]. 中国工程科学,
2014, 16(7): 30-35.

[22] MIKAC N, COSOVIC B, AHEL M, et al. Assessment of groundwater contamination in
the vicinity of a municipal solid waste landfill (Zagreb, Croatia)[J]. Water science and
technology, 1998, 37(8): 37-44.

[23] MATO RRAM. Environmental implications involving the establishment of sanitary
landfills in five municipalities in Tanzania: The case of Tanga municipality[J].
Resources, conservation and recycling, 1999, 25(1): 1-16.

[24] BAAWAIN M S, AL-FUTAISI A M. Studying groundwater quality affected by Barka
dumping site: An integrated approach[J]. Arabian journal for science and engineering,
2014, 39(8): 5943-5957.

[25] MATOŠI M, TERZI S, KORAJLIJA JAKOPOVI H, et al. Treatment of a landfill
leachate containing compounds of pharmaceutical origin[J]. Water science and
technology, 2008, 58(3): 597-602.

[26] AHEL M, MIKAC N, COSOVIC B, et al. The impact of contamination from a municipal
solid waste landfill (Zagreb, Croatia) on underlying soil[J]. Water science and
technology, 1998, 37(8): 203-210.

[27] GIGER W, BRUNNER P H, SCHAFFNER C. 4-Nonylphenol in sewage sludge:
Accumulation of toxic metabolites from nonionic surfactants[J]. Science, 1984, 225
(4662): 623-625.

[28] MIKAC N, COSOVIC B, AHEL M, et al. Assessment of groundwater contamination in
the vicinity of a municipal solid waste landfill (Zagreb, Croatia)[J]. Water science and
technology, 1998, 37(8): 37-44.

[29] BJERG P L, RUEGGE K, PEDERSEN J K, et al. Distribution of redox-sensitive groundwater quality parameters downgradient of a landfill (Grindsted, Denmark)[J]. Environmental science & technology, 1995, 29(5): 1387-1394.

[30] IKEM A, OSIBANJO O, SRIDHAR M K C, et al. Evaluation of groundwater quality characteristics near two waste sites in Ibadan and Lagos, Nigeria[J]. Water, air, and soil pollution, 2002, 140(1): 307-333.

[31] HOLM J V, RUEGGE K, BJERG P L, et al. Occurrence and distribution of pharmaceutical organic compounds in the groundwater downgradient of a landfill (grindsted, Denmark)[J]. Environmental science & technology, 1995, 29(5): 1415-1420.

[32] ARNETH J D, MILDE G, KERNDORFF H, et al. Waste deposit influences on groundwater quality as a tool for waste type and site selection for final storage quality [M]//The Landfill. Berlin/Heidelberg: Springer-Verlag, 2005: 399-415.

[33] 张红梅, 速宝玉. 垃圾填埋场渗滤液及对地下水污染研究进展[J]. 水文地质工程地质, 2003, 30(6): 110-115.

[34] 郑曼英, 李丽桃, 邢益和, 等. 垃圾浸出液对填埋场周围水环境污染的研究[J]. 重庆环境科学, 1998(3): 17-24.

[35] 郑曼英, 李丽桃. 垃圾渗液中有机污染物初探[J]. 重庆环境科学, 1996(4): 41-43.

[36] 朱水元, 单华伦, 孙雨清. 七子山垃圾填埋场垂直防渗系统对环境污染的阻滞作用研究[J]. 环境工程, 2009, 27(S1): 341-345.

[37] 赵淑敏, 冯丹, 马俊杰, 等. 生活垃圾浸出液对填埋场地下水污染调查与研究[J]. 黑龙江环境通报, 2002, 26(3): 47-48.

[38] 杜金山. 锦州市垃圾填埋场渗滤液成分分析及其变化规律研究[D]. 锦州: 辽宁工业大学, 2007.

[39] 刘军, 鲍林发, 汪苹. 运用GC-MS联用技术对垃圾渗滤液中有机污染物成分的分析[J]. 环境污染治理技术与设备, 2003, 4(8): 31-33.

[40] 沈耀良, 王宝贞. 垃圾填埋场渗滤液的水质特征及其变化规律分析[J]. 污染防治技术, 1999, 12(1): 10-13.

[41] 蒋海涛, 周恭明, 高廷耀. 城市垃圾填埋场渗滤液的水质特性[J]. 环境保护科学, 2002, 28(3): 11-13.

[42] KJELDSEN P, BARLAZ M A, ROOKER A P, et al. Present and long-term composition of MSW landfill leachate: A review[J]. Critical reviews in environmental science and technology, 2002, 32(4): 297-336.

［43］CHRISTENSEN T H, KJELDSEN P, BJERG P L, et al. Biogeochemistry of landfill leachate plumes［J］. Applied geochemistry, 2001, 16(7/8)：659-718.

［44］杨秀环，牛冬杰，陶红. 垃圾渗滤液处理技术进展［J］. 环境卫生工程，2006，14 (1)：46-49.

［45］潘敬锋. 城市垃圾渗滤液处理工艺介绍［J］. 给水排水，2000，26 (10):9-14.

［46］胡蝶，陈文清，张奎，等. 垃圾渗滤液处理工艺实例分析［J］. 水处理技术，2011，37(3)：132-135.

［47］石岩，万新南. 人工湿地系统在垃圾渗滤液处理中的应用［J］. 水土保持研究，2005，12(1)：138-140.

［48］张祥丹，王家民. 城市垃圾渗滤液处理工艺介绍［J］. 给水排水，2000，26(10)：9-14.

［49］杨霞，杨朝晖，陈军，等. 城市生活垃圾填埋场渗滤液处理工艺的研究［J］. 环境工程，2000，18(5)：12-14.

［50］柯水洲，欧阳衡. 城市垃圾填埋场渗滤液处理工艺及其研究进展［J］. 给水排水，2004，30(11)：26-33.

［51］魏云梅，赵由才. 垃圾渗滤液处理技术研究进展［J］. 有色冶金设计与研究，2007，28(2)：176-181.

［52］侯文俊，余健，孙江. 垃圾渗滤液处理技术的新进展［J］. 中国给水排水，2003，19 (11)：22-24.

［53］孟了，熊向陨，马箭. 我国垃圾渗滤液处理现状及存在问题［J］. 给水排水，2003，29(10)：26-29.

［54］龙腾锐，易洁，林于廉，等. 垃圾渗滤液处理难点及其对策研究［J］. 土木建筑与环境工程，2009，31(1)：114-119.

［55］JI M, YANG T, ZHANG L, et al. Applied research on MBR in landfill leachate treatment［J］. Water & Wastewater Engineering, 2007, 33(9):47-52.

［56］任鹤云，李月中. MBR法处理垃圾渗滤液工程实例［J］. 给水排水，2004，30(10)：36-38.

［57］左俊芳，宋延冬，王晶. 碟管式反渗透(DTRO)技术在垃圾渗滤液处理中的应用［J］. 膜科学与技术，2011，31(2)：110-115.

［58］刘顺隆. "MVC蒸发+离子交换"工艺在垃圾渗滤液处理应用上存在的问题和建议［J］. 中国科技纵横，2016(16):2.

［59］刘研萍，李秀金. 电导率在反渗透处理中的指示作用分析［R］. 全国垃圾渗滤液处理与工程应用新技术、新设备交流展示峰会，2010.

［60］罗春泳，胡亚元，陈云敏，等. 垃圾填埋场渗滤液回灌效果的理论研究［J］. 中国给

水排水, 2003, 19(2): 5-8.

[61] 程丽华, 黄君礼, 倪福祥. Fenton 试剂生成·OH 的动力学研究[J]. 环境污染治理技术与设备, 2003, 4(5): 12-14.

[62] RJ B. Consider Fenton chemistry for waste-water treatment[J]. Chemical engineering progress, 1995, 91: 62-66.

[63] KANG Y W, HWANG K Y. Effects of reaction conditions on the oxidation efficiency in the Fenton process[J]. Water research, 2000, 34(10): 2786-2790.

[64] 陈卫国, 朱锡海. 电催化产生 H_2O_2 和 ∗OH 及去除废水中有机污染物的应用[J]. 中国环境科学, 1998, 18(2): 148-150.

[65] 赵冰清, 陈胜, 孙德智, 等. Fenton 工艺深度处理垃圾渗滤液中难降解有机物[J]. 哈尔滨工业大学学报, 2007, 39(8): 1285-1288.

[66] 张晖, HUANG C P. Fenton 法处理垃圾渗滤液[J]. 中国给水排水, 2001, 17(3): 1-3.

[67] 张晖, HUANG C P. Fenton 法处理垃圾渗滤液的影响因素分析[J]. 中国给水排水, 2002, 18(3): 14-17.

[68] 张晖, HUANG C P. 渗滤液生化特性在 Fenton 处理过程中的变化[J]. 环境科学与技术, 2004, 27(4): 25-26.

[69] 王鹏, 方汉平. 垃圾渗沥液中难降解有机污染物的 Fenton 混凝处理[J]. 应用化学, 2001, 18(5): 408-411.

[70] 黄霞, 曹斌, 文湘华, 等. 膜-生物反应器在我国的研究与应用新进展[J]. 环境科学学报, 2008, 28(3): 416-432.

[71] RAO A G, SASI KANTH REDDY T, SURYA PRAKASH S, et al. Biomethanation of poultry litter leachate in UASB reactor coupled with ammonia stripper for enhancement of overall performance[J]. Bioresource technology, 2008, 99(18): 8679-8684.

[72] KETTUNEN R H, RINTALA J A. Performance of an on-site UASB reactor treating leachate at low temperature[J]. Water research, 1998, 32(3): 537-546.

[73] YIN K, JUN-FANG Q. Leachate treatment using UASB/Orbal oxidation ditch process [J]. China Water & Wastewater, 2006, 22(12): 74-77.

[74] 李亚选, 韩谷, 李政, 等. UASB-MBR-DTRO 工艺在垃圾渗滤液处理中的应用[J]. 给水排水, 2009, 35(10): 49-52.

[75] 王坚, 季民, 李征, 等. UASB+MBR 工艺处理城市垃圾填埋场渗滤液试验研究与问题讨论[J]. 城市环境与城市生态, 2003, 16(6): 215-217.

[76] WANG F, SMITH D W, EL-DIN M G. Application of advanced oxidation methods for landfill leachate treatment – A review[J]. Journal of environmental engineering and

science, 2003, 2(6): 413-427.

[77] WANG Z P, ZHANG Z, LIN Y J, et al. Landfill leachate treatment by a coagulation - photooxidation process[J]. Journal of hazardous materials, 2002, 95(1/2): 153-159.

[78] 赵宗升, 刘鸿亮, 袁光钰, 等. A2/O 与混凝沉淀法处理垃圾渗滤液研究[J]. 中国给水排水, 2001, 17(11): 13-16.

[79] 姚重华. 混凝剂与絮凝剂[M]. 北京: 中国环境科学出版社, 1991.

[80] 王东升, 韦朝海. 无机混凝剂的研究及发展趋势[J]. 中国给水排水, 1997, 13(5): 20-21.

[81] 张莉, 李本高. 水处理絮凝剂的研究进展[J]. 工业用水与废水, 2001, 32(3): 5-7.

[82] 田宝珍, 张云. 铝铁共聚复合絮凝剂的研制及应用[J]. 工业水处理, 1998, 18(1): 17-19.

[83] 鲁骎, 周恭明. 高分子复合铁盐絮凝剂的研究进展[J]. 工业水处理, 2003, 23(2): 15-18.

[84] 谢恒星. 聚丙烯酰胺与无机凝聚剂对磷精矿沉降性能的影响[J]. 中国矿业, 1998, 7(4): 53-55.

[85] 陈立丰, 李明俊, 万诗贵, 等. 有机高分子絮凝剂和聚铁絮凝剂处理高浊度原水的研究[J]. 水处理技术, 1999, 25(1): 49-53.

[86] 周晓斌. 混凝—铁炭微电解法用于垃圾渗滤液预处理的实验研究[D]. 长春: 吉林大学, 2008.

[87] 周少奇, 钟红春, 胡永春. 聚铁混凝-Fenton 法-SBR 工艺对成熟垃圾场渗滤液深度处理的研究[J]. 环境科学, 2008, 29(8): 2201-2205.

[88] 许琳科, 刘继红, 夏俊方. 聚合氯化铝和聚丙烯酰胺混凝处理垃圾渗滤液的研究[J]. 安徽农业科学, 2011, 39(27): 16747-16749.

[89] 张兰英, 韩静磊, 安胜姬, 等. 垃圾渗沥液中有机污染物的污染及去除[J]. 中国环境科学, 1998, 18(2): 184-188.

[90] 汪晓军, 陈思莉, 顾晓扬, 等. 混凝-Fenton-BAF 深度处理垃圾渗滤液中试研究[J]. 环境工程学报, 2007, 1(10): 42-45.

[91] RENOU S, GIVAUDAN J G, POULAIN S, et al. Landfill leachate treatment: Review and opportunity[J]. Journal of hazardous materials, 2008, 150(3): 468-493.

[92] 闫肖茹, 高建平, 王建中, 等. Fenton 氧化-混凝联合处理橡胶废水研究[J]. 水处理技术, 2009, 35(8): 99-102.

[93] 朱兆连, 孙敏, 王海玲, 等. 垃圾渗滤液的 Fenton 氧化预处理研究[J]. 生态环境学报, 2010, 19(10): 2484-2488.

［94］ WELANDER U, HENRYSSON T, WELANDER T. Biological nitrogen removal from municipal landfill leachate in a pilot scale suspended carrier biofilm process［J］. Water research, 1998, 32(5): 1564-1570.

［95］ IPCC. Climate Change 2013-The Physical Science Basis Working Group I Contribution to the Fifth Assessment Report of the Intergovernmental Panel on Climate Change［M］. Cambridge: Cambridge University Press, 2014.

［96］ IPCC. Climate Change 2013: The PHysical Science Basis. Contribution of Working Group I to the Fifth Assessment Report of the Intergovernmental Panel on Climate Change ［M］. Cambridge: Cambridge University Press, 2013.

［97］ 殷培红, 董文福, 王媛, 等. 温室气体排放环境监管［M］. 北京: 中国环境科学出版社, 2012.

［98］ GARDNER N, MANLEY B J W, PEARSON J M. Gas emissions from landfills and their contributions to global warming［J］. Applied energy, 1993, 44(2): 165-174.

［99］ MOORE C A, RAI I S, ALZAYDI A A. Methane migration around sanitary landfills ［J］. Journal of the geotechnical engineering division, 1979, 105(2): 131-144.

［100］ 汪寿建. 天然气综合利用技术［M］. 北京: 化学工业出版社, 2003.

［101］ GARDNER N, PROBERT S D. Forecasting landfill-gas yields［J］. Applied energy, 1993, 44(2): 131-163.

［102］ THEMELIS N J, ULLOA P A. Methane generation in landfills［J］. Renewable energy, 2007, 32(7): 1243-1257.

［103］ 郑祥, 杨勇, 雷洋. 中国城市垃圾填埋场沼气发电潜力分析［J］. 环境保护, 2009, 37(4): 19-22.

［104］ TSAI W T. Bioenergy from landfill gas (LFG) in Taiwan［J］. Renewable and sustainable energy reviews, 2007, 11(2):331-344.

［105］ SOLOMON S. Climate change 2007: the physical science basis: contribution of working group I to the fourth assessment report of the intergovernmental panel on climate change ［M］. Cambridge: Cambridge University Press, 2007.

［106］ EPA. Overview of LMOP and the landfill gas energy field 2010［R］. EPA, 2010: 1-5.

［107］ 中国国家发展和改革委员会. 中国应对气候变化国家方案［R］. 北京: 中国国家发展和改革委员会, 2007: 29-44.

［108］ 王伟, 韩飞, 袁光钰, 等. 垃圾填埋场气体产量的预测［J］. 中国沼气, 2001, 19 (2): 20-24.

［109］ 刘玉强, 黄启飞, 王琪, 等. 生活垃圾填埋场不同填埋方式填埋气特性研究［J］. 环境污染与防治, 2005, 27(5): 333-337.

［110］SZEMESOVA J, GERA M. Uncertainty analysis for estimation of landfill emissions and data sensitivity for the input variation［J］. Climatic change, 2010, 103(1): 37-54.

［111］KUMAR S, GAIKWAD S A, SHEKDAR A V, et al. Estimation method for national methane emission from solid waste landfills［J］. Atmospheric environment, 2004, 38 (21): 3481-3487.

［112］GENTIL E, CHRISTENSEN T H, AOUSTIN E. Greenhouse gas accounting and waste management［J］. Waste management & research, 2009, 27(8): 696-706.

［113］MOR S, RAVINDRA K, VISSCHER A, et al. Municipal solid waste characterization and its assessment for potential methane generation: A case study［J］. Science of the total environment, 2006, 371(1/2/3): 1-10.

［114］IPCC. 2006 IPCC guidelines for national greenhouse gas inventories ［R］. Japan: IGES, 2006. 1-10.

［115］高庆先, 杜吴鹏, 卢士庆, 等. 中国典型城市固体废物可降解有机碳含量的测定与研究［J］. 环境科学研究, 2007, 20(3): 10-15.

［116］李霞, 顾建良, 杨安辉. 垃圾填埋场气体的收集与处理［J］. 煤气与热力, 1998, 18(2): 7-9.

［117］彭绪亚, 余毅, 刘国涛. 垃圾填埋场竖井抽气条件下的填埋气压力分布［J］. 重庆大学学报(自然科学版), 2003, 26(1): 92-95.

［118］彭绪亚, 刘国涛, 余毅. 垃圾填埋场填埋气竖井收集系统设计优化［J］. 环境污染治理技术与设备, 2003, 4(3): 6-8.

［119］MASSMANN J W. Applying groundwater flow models in vapor extraction system design ［J］. Journal of environmental engineering, 1989, 115(1): 129-149.

［120］刘磊, 梁冰, 薛强, 等. 垃圾填埋气体抽排影响半径的预测［J］. 化工学报, 2008, 59(3): 751-755.

［121］阮建国. 深圳下坪垃圾卫生填埋场沼气收集与利用方式研究［J］. 建筑热能通风空调, 2003, 22(1): 43-45.

［122］屈志云, 云松. 填埋气体(LFG)收集利用成套技术与设备开发的前景分析［J］. 城市垃圾处理技术, 2004(2): 10-14.

［123］WANG C C, 鄢必诚. 垃圾填埋气体的收集和净化［J］. 环境卫生工程, 1995, 3 (3): 32-37.

［124］仇志国, 虞波. 垃圾渗滤液浓缩液处理技术综述［C］. 中国环境科学学会水污染治理技术创新与产业升级, 2014.

［125］刘秀常, 崔孝光, 李中瑞. 安定垃圾卫生填埋场渗滤液处理和气体收集焚烧工程［J］. 给水排水, 2005, 31(8): 23-25.

[126] 占美丽，宋述传，王惠娟. 城市生活垃圾填埋场渗滤液减量控制方法综述[J]. 城市垃圾处理技术，2009(2)：21-24.

[127] 张小余. 天水市垃圾填埋场渗滤液减量控制及处理方案设计[D]. 兰州：兰州大学，2012.

[128] PAPAGEORGIOU S N, ZOGAKIS I P, PAPADOPOULOS M A. Reducing the waste volume and leachate through designing and producing an indoor waste compactor[J]. Knowledge & Health Journal, 2012, 142(5):577-595.

[129] 辛凯，马永恒，董秉直. 不同有机物组分对膜污染影响的中试研究[J]. 给水排水，2011, 37(1)：123-130.

[130] 王晓琳. 膜的污染和劣化及其防治对策[J]. 工业水处理，2001, 21(9)：1-5.

[131] 褚彦杰，于海琴，崔璨. 反渗透膜污染及其在膜面分布特征研究[J]. 水处理技术，2012, 38(1)：72-74.

[132] 王志，甄寒菲，王世昌，等. 膜过程中防治膜污染强化渗透通量技术进展（Ⅰ）操作策略[J]. 膜科学与技术，1999, 19(1)：1-5

[133] 罗敏，王占生，候立安. 纳滤膜污染的分析与机理研究[J]. 水处理技术，1998, 24(6)：318-323.

[134] 环国兰，张宇峰，杜启云. 膜污染分析及防治[J]. 水处理技术，2003, 29(1)：1-4.

[135] 王海芳，晋日亚. 膜分离技术应用于给水处理中的膜污染研究[J]. 环境工程学报，2008, 2(9)：1159-1162.

[136] 李毓亮，金焱，张兴文. 反渗透膜污染过程与膜清洗的试验研究[J]. 水处理技术，2010, 36(3)：46-48.

[137] 王湛. 膜分离技术基础[M]. 北京：化学工业出版社，2000.

[138] 金可勇，俞三传，潘学杰，等. 耐污染反渗透膜在城市生活污水回用中的应用研究[J]. 水处理技术，2005, 31(11)：16-19.

[139] LI Q L, XU Z H, PINNAU I. Fouling of reverse osmosis membranes by biopolymers in wastewater secondary effluent: Role of membrane surface properties and initial permeate flux[J]. Journal of membrane science, 2007, 290(1/2)：173-181.

[140] 罗敏，王占生，候立安. 纳滤膜污染的分析与机理研究[J]. 水处理技术，1998, 24(6)：318-323.

[141] KIM C G, YOON T I, LEE M J. Characterization and control of foulants occurring from RO disc-tube-type, membrane treating, fluorine manufacturing, process wastewater [J]. Desalination, 2003, 151(3)：283-292.

[142] PORTER K E. Handbook of separation process technology[J]. Endeavour, 1988, 12

（1）：51.

[143] 刘研萍. 碟管式反渗透膜设备用于垃圾渗滤液处理与回用的研究[M]. 哈尔滨工业大学, 2005.

[144] 刘忠洲, 张国俊, 纪树兰. 研究浓差极化和膜污染过程的方法与策略[J]. 膜科学与技术, 2006, 26(5)：1-15.

[145] 林红军, 陆晓峰, 段伟, 等. 膜生物反应器中膜过滤特征及膜污染机理的研究[J]. 环境科学, 2006, 27(12)：2511-2517.

[146] PETERS T A. Purification of landfill leachate with membrane filtration[J]. Filtration & separation, 1998, 35(1)：33-36.

[147] FANE A G, BEATSON P, LI H. Membrane fouling and its control in environmental applications[J]. Water science and technology, 2000, 41(10/11)：303-308.

[148] GAUTHIER V, GÉRARD B, PORTAL J M, et al. Organic matter as loose deposits in a drinking water distribution system[J]. Water research, 1999, 33(4)：1014-1026.

[149] 邢卫红, 童金忠, 徐南平, 等. 微滤和超滤过程中浓差极化和膜污染控制方法研究[J]. 化工进展, 2000, 19(1)：44-48.

[150] 郭竹洁, 王枢, 孟涛, 等. 卷式反渗透膜的气液两相流清洗特性[J]. 膜科学与技术, 2011, 31(6)：73-77.